Edizioni PensareDiverso
Cenacolo Jung Pauli

Bruno Del Medico

Keterikatan kuantum dan sinkronisitas peristiwa

Medan gaya, tingkat non-lokalitas, persepsi ekstrasensor. Sifat mengejutkan dari fisika kuantum.

"Ini adalah pendapat pribadi saya bahwa, untuk sains di masa depan, realitas tidak akan bersifat psikis atau fisik. Dalam beberapa hal, sains akan menjadi keduanya. Oleh karena itu, sains tidak akan hanya bersifat fisik atau psikis. Sangatlah diinginkan bahwa fisika dan jiwa dapat dilihat sebagai aspek yang saling melengkapi dari realitas yang sama. "

(Wolfgang Pauli, Hadiah Nobel Fisika, dalam surat tahun 1950 kepada Abraham Pais)

Ringkasan buku.

Pengantar. Tentang apa buku ini.

Selama berabad-abad, persepsi ekstrasensori seperti telepati, pertanda masa depan, dan kewaskitaan telah dianggap sebagai fantasi, ilusi, atau penemuan palsu.

Pendekatan materialis yang lazim di kalangan ilmiah secara a priori menyangkal realitas "spiritual" apa pun. Alasannya, kenyataan ini tidak bisa diverifikasi di laboratorium.

Meskipun demikian, semua orang memiliki pengalaman yang serupa dengan yang disangkal oleh sains. Misalnya, kita dapat mengingat peristiwa yang tidak dapat dijelaskan, pertanda peristiwa masa depan atau mimpi yang menjadi kenyataan.

Kami sering mendapat manfaat dari pengalaman ini. Ini menunjukkan bahwa mereka bukanlah pengalaman ilusi.

Fenomena ini tidak jarang terjadi dan mempengaruhi semua orang. Beberapa sarjana, yang memiliki pikiran yang lebih terbuka, ingin menangani masalah ini secara ilmiah. Mereka bertanya-tanya apakah ada cara untuk memahami pengalaman ekstrasensori tanpa menggunakan okultisme, mitologi, atau filosofi religius palsu. Buku tersebut menceritakan pengalaman para peneliti tersebut.

Sekarang, akhirnya, muncul bukti yang secara ilmiah menunjukkan keberadaan tingkat kesadaran yang lebih tinggi.

Ada "pikiran kolektif" yang berisi ide-ide dan pemikiran yang sama bagi seluruh umat manusia. Ini adalah kosmos psikis, yang bisa kita gunakan untuk keuntungan kita. Dari kosmos ini kami menerima sinyal dan informasi.

Pada tahun 1980, "keterjeratan kuantum" dikonfirmasi secara eksperimental. Sifat ini adalah tipikal partikel elementer. Semua partikel (atom, elektron, foton) dapat berkomunikasi satu sama lain tanpa mengalami keterbatasan ruang dan waktu.

Ini sangat kontras dengan asumsi fisika materialis.

Komunikasi antara partikel elementer terjadi dalam dimensi yang tidak tunduk pada hukum fisika yang diketahui. Dimensi ini dapat dibandingkan dengan "Pikiran Universal".

Eksperimen "Proyek Kesadaran Global" yang dilakukan di Universitas Princeton tidak diragukan lagi telah menunjukkan keberadaan kesadaran dunia.

Buku tersebut menjelaskan apa yang disebut teori "bawah sadar kolektif" yang dikembangkan oleh psikoterapis terkenal Carl Gustav Jung. Teori Jung sangat mirip dengan konsep Neoplatonik "Anima mundi". Teori-teori ini dikonfirmasi dalam prediksi fisika kuantum, yang dikembangkan oleh para ilmuwan terkemuka dan pemenang Nobel.

Fisika kuantum mendokumentasikan keberadaan level yang disebut "non-lokal". Pada tingkat ini, partikel-partikel elementer, meskipun dipisahkan oleh jarak yang sangat jauh, mengetahui segala sesuatu tentang satu sama lain dan berperilaku seolah-olah mereka adalah satu.

Dari visi materialis tentang alam semesta yang sepenuhnya didasarkan pada materi yang dikumpulkan secara kebetulan, umat manusia bergerak menuju cara baru untuk memahami realitas, di mana materi dan jiwa hidup berdampingan dan berintegrasi.

Sementara fisika klasik tetap dominan di dunia yang terlihat oleh indra kita, tingkat realitas baru dengan konten psikis muncul.

Pada level kuantum, fisika klasik tidak lagi valid. Bagian material dari kosmos sendiri gagal menjalankan fungsinya. Ia membutuhkan dimensi psikis, yaitu tingkat lebih lanjut, tingkat non-lokalitas.

I Pada tingkat ini seluruh alam semesta menjadi satu hal. Itu tidak lagi terbuat dari materi tetapi dari energi dan informasi, dan dikoordinasikan oleh kekuatan harmoni yang tanpanya hanya kekacauan yang akan ada.

Pada tingkat realitas yang paling tersembunyi, materi tidak dapat hidup tanpa jiwa. Demikian pula, jiwa membutuhkan bagian material untuk mengekspresikan dirinya.

Kesadaran ini menyertai umat manusia menuju lompatan evolusioner baru, setelah itu dominasi materialistis akan berhenti.

Era kolaborasi antara jiwa dan materi akan didirikan. Fenomena yang kini disangkal, seperti persepsi ekstrasensorik, akan menjadi warisan yang umum digunakan dalam kehidupan sehari-hari.

Bagian 1- Topik Awal Penting.

The person who follows the crowd
will usually go no further than the crowd.
(Albert Einstein)

Siapapun yang mengikuti massa rakyat tidak akan
pernah melangkah lebih jauh dari massa rakyat.
(Albert Einstein)

Pembantaian di Jalan Baruhill.

Pada 27 Oktober 1992, sebuah tragedi mengerikan terjadi di Terrigal, daerah pemukiman di Teluk Bateau yang terletak di Central Coast, tidak jauh dari kota Sydney yang padat penduduknya di Australia.

Pada saat kegilaan, seorang pria masuk ke rumah Thomas Gannan di Baruhill Street, membunuh Thomas dan kedua putrinya: Kerry yang berusia 23 tahun dan Lisa yang berusia 18 tahun.

Selanjutnya, orang gila itu membunuh putranya sendiri yang berusia 27 tahun, David, dan dua orang lainnya yang ada di dalam rumah.

Nama pelaku pembantaian tersebut adalah Malcolm Baker.

Menurut surat kabar lokal The Sidney Morning Herald, yang meliput masalah itu secara panjang lebar, itu semua terjadi karena alasan yang bodoh. Pastinya pembantaian Baruhill Street adalah salah satu episode yang menuntut balas dendam di depan langit.

Menghadapi kasus-kasus ini kami semua takjub. Kami bertanya-tanya mengapa kejahatan keji seperti itu bisa terjadi. Orang percaya mungkin bertanya pada diri sendiri: Mengapa Tuhan mengizinkan ini?

Rasa sakit seluruh komunitas sangat luar biasa. Julie, yang merupakan putri ketiga Thomas, berusia 17 tahun saat pembantaian itu. Julie menulis puisi cinta yang memilukan untuk orang-orang terkasih yang hilang, yang darinya saya mengutip beberapa baris:

Gambar 1. Di sebelah kanan adalah Lisa Gannan. Selain Lisa adalah saudara perempuannya Kerry, juga korban dibunuh oleh Malcolm Baker. Dalam foto tersebut juga ada ibu dari kedua gadis tersebut, yang tidak ada di rumah saat pembantaian.

The Sydney Morning Herald

Late Edition | 60 cents* | 48 Pages | No 48,409 | First Published 1831 | Editorial 282 2822; General 282 2833; Classifieds 282 1122 | Thursday

Couple split up before massacre

Gambar 2. Halaman depan The Sydney Morning Herald dengan berita pembantaian.

... now that everything has happened
I wish it were a dream,
but unfortunately it is reality,
even if I can't believe it.
Dear Dad, even if you are gone
I always love you..."

"... Sekarang semuanya telah terjadi
Saya berharap itu adalah mimpi,
tapi sayangnya itu kenyataan,
bahkan jika saya tidak bisa mempercayainya.
Ayah terkasih, bahkan jika kamu pergi,
Aku selalu mencintaimu ..."

Saya melaporkan pembantaian yang mengerikan ini untuk memberi makna pada buku itu. Tentu saja, ketika dihadapkan pada pertanyaan mengapa hal-hal ini bisa terjadi, kita tidak punya jawaban. Namun, kita dapat membayangkan bahwa jika "seseorang" mengeluarkan peringatan, hal ini tidak akan terjadi.

Berkali-kali dengan adanya bencana mendadak yang bermacam-macam, seperti bencana alam, ada orang yang mengaku memiliki "perasaan negatif" sehingga mampu menghindari yang terburuk. Mengapa itu tidak selalu terjadi? Mengapa itu tidak terjadi pada semua orang? Mengapa ini tidak terjadi dalam kasus keluarga Gannan?

Sebuah "tanda peringatan" yang tidak dimengerti.

Namun, ada kemungkinan keluarga tersebut menerima peringatan. Seperti yang kita lihat dari puisi Julie yang mengharukan, gadis-gadis keluarga Gannan suka menulis. Lisa yang berusia delapan belas tahun juga senang menulis sajak.

Jelas, seorang gadis yang penuh kehidupan, ceria, cerah, apa lagi yang bisa dia tulis selain himne untuk kegembiraan?

Lisa masih di sekolah. Seorang guru terkejut secara tidak menyenangkan ketika, tak lama sebelum pembantaian, dia membaca baris-baris ini di buku harian Lisa:

> "Why did you come to cry before my grave?
> I'm not in the grave, I'm not sleeping.
> I am a wandering star in the darkness of the night sky.
> Don't cry here anymore,
> I'm not in the grave, I live in the dark sky."

> *"Mengapa kamu datang menangis di depan kuburanku?*
> *Saya tidak di kuburan, saya tidak tidur.*
> *Aku adalah bintang yang mengembara di kegelapan langit malam.*
> *Jangan berhenti dan menangis disini,*
> *Saya tidak berada di kuburan, saya tinggal di langit yang gelap."*

Ketika guru bertanya mengapa ayat-ayat itu begitu pahit, Lisa menjawab bahwa dia tidak tahu, karena ayat-ayat itu lahir secara spontan dalam pikirannya.

Namun, kita juga harus bertanya pada diri sendiri apakah mungkin Lisa bisa memahaminya.

Lisa mungkin telah diperingatkan, tetapi dalam bahasa yang tidak diketahui dan kedap suara, sulit untuk ditafsirkan. Bahasa itu tidak bisa dimengerti oleh gadis itu.

Semua hal yang terjadi di sekitar kita, kebetulan yang aneh, "tanda-tanda", jika tidak ada artinya, tidak dapat dipahami.

Sebaliknya, jika kita dapat memahami episode yang tidak penting, episode yang sama ini, bagi kami, menjadi kebetulan yang signifikan. Psikolog Carl Jung menyebut peristiwa ini "sinkronisitas ".

Jung mengabdikan sebagian besar hidupnya untuk mempelajari topik-topik ini. Kita semua menerima banyak pesan dalam bentuk sinyal yang sulit dipahami, kebetulan yang aneh, kombinasi yang sering diulang, paralel. Namun, kami tidak mempertimbangkannya dengan perhatian yang benar.

Ini terjadi karena kami menganggap fakta ini sebagai kasus belaka. Sulit dipercaya bahwa "seseorang" begitu peduli pada kita dan mencoba mengirimkan peringatan kepada kita. Kenapa dia harus melakukan itu? Dan jika dia ingin melakukannya, mengapa dia tidak mengekspresikan dirinya dengan lebih jelas?

Hal sebaliknya bisa terjadi.

Bertentangan dengan kesulitan penafsiran episode sebelumnya, Tuan Woods lebih memperhatikan intuisi bahaya. Dia adalah partner senior di firma hukum New York. Tampaknya dia telah berhasil menghindari bahaya yang akan terjadi beberapa kali.

Faktanya, menurut anekdot yang tersebar luas di Internet, dia lolos dari tiga serangan.

Pertama kali pada 21 Desember 1988 ketika Woods tidak menaiki Pan Am Flight 103. Pesawat itu adalah Boeing 747-121 yang disebut Clipper Maid of the Seas dan terbang dari London ke New York. Pesawat itu meledak dalam penerbangan.

Tragedi itu terjadi di kota Lockerbie, Skotlandia. 270 orang tewas dalam kecelakaan pesawat itu, 259 di dalam pesawat dan 11 di darat, tertimpa reruntuhan pesawat.

Tuan Woods diselamatkan, karena dia menyerah naik pesawat.

Kedua kalinya, pada 26 Februari 1993, ia lolos dari serangan teroris, yang terjadi di World Trade Center di Manhattan. Saat itu, akibat ledakan sebuah mobil van sarat dengan bahan peledak yang ditempatkan di tempat parkir bawah tanah, terdapat 6 orang tewas dan lebih dari 1000 luka-luka.

Akhirnya, pada 11 September 2001, Tuan Woods pindah dari "Menara Kembar" tidak lama sebelum serangan teroris yang menjatuhkan mereka.

Bahkan jika cerita ini tidak didokumentasikan dengan tepat, ada lusinan cerita serupa, terkait dengan orang-orang yang sangat beruntung, atau ... orang-orang ini sangat memperhatikan peringatan psikis.

Berapa berat jiwa?

Ada banyak hal di sekitar kita yang tidak kita mengerti. Apakah ini kutukan kekal, atau dapatkah kita berharap bahwa cepat atau lambat kita akan menemukan cara untuk menjelaskannya?

Semuanya menunjukkan bahwa banyak kemampuan manusia tidak diketahui, bahkan ada beberapa yang bahkan tidak kita bayangkan. Kemampuan lain hanya intuisi, yang lain lagi, seperti visi masa depan dan telepati, kami bersumpah bahwa mereka ada tetapi kami tidak tahu bagaimana menggunakannya dengan benar.

Dalam beberapa abad terakhir, prasangka ilmiah tentang realitas alam semesta telah menyangkal kemungkinan keterlibatan realitas psikis dalam berfungsinya alam.

Dunia di sekitar kita dianggap sebagai campuran dari "materi padat" yang tunduk pada aturan mekanistik. Menurut konsepsi ini, hanya hal-hal yang dapat ditimbang dan diukurlah yang normal, yang lainnya adalah ilusi murni, seolah-olah tidak ada.

Diperlukan metode penimbangan yang lebih tepat.

Dengan munculnya Pencerahan, sebuah gerakan budaya dan filosofis yang berkembang di Eropa sekitar abad ke-18, dinyatakan bahwa jika jiwa itu ada, maka bobotnya harus dapat diukur. Ini karena tidak mungkin ada jiwa yang hanya terbuat dari "roh".

Oleh karena itu, diputuskan untuk menimbang orang yang sekarat sebelum dan tidak lama setelah kematian, untuk melihat apakah berat badan mereka bervariasi. Ketika ditemukan bahwa bobotnya tetap sama, disimpulkan bahwa jiwa sama sekali tidak ada.

Saya pikir eksperimen ini bisa dianggap konyol tanpa menambahkan komentar. Sebaliknya, saya menerima berita bahwa seseorang ingin mengulanginya di zaman kita.

Sebuah film berjudul "21 gram" dibuat pada tahun 2003 dan didasarkan pada perçobaan tahun 1901, dipimpin oleh Dr. Duncan MacDougall, di Dorchester. Ada banyak kota dengan nama ini, tapi di sini kita mengacu pada kota yang terletak di Massachusetts (AS) ..

Ilmuwan bermaksud untuk menunjukkan bahwa jiwa manusia memiliki massa dan oleh karena itu dapat diukur, menggunakan alat penimbangan yang lebih tepat daripada yang digunakan pada tahun 1700. Dengan demikian, ia memverifikasi berat enam orang yang sekarat sebelum dan setelah kematian orang-orang tersebut. Kesimpulannya adalah bahwa jiwa memiliki berat 21 gram, dan itulah judul filmnya.

Untuk keamanan yang lebih baik, dokter juga menimbang seekor anjing dengan menggunakan metode yang sama dan menemukan bahwa dalam kasus tersebut beratnya tetap sama. Dia menyimpulkan bahwa hanya manusia yang memiliki jiwa, sedangkan hewan tidak.

Tapi itu semua harus diulang!

Selama sains berpura-pura memiliki pendekatan materialistis semacam ini, tidak akan ada kemajuan dalam dialog antara sains dan jiwa. Apa yang ingin kami tegaskan dalam buku ini adalah bahwa realitas tidak terdiri dari materi saja.

Pertanyaan yang kami ajukan pada diri kami sendiri tetap sama selama berabad-abad:

- Mungkinkah jiwa juga memiliki tempat di alam semesta yang terbuat dari materi?
- Apakah ada hubungan antara jiwa dan materi, dan apa dasarnya?
- Apakah kesadaran pribadi kita hidup tertutup dengan sendirinya atau apakah ia memiliki kemampuan untuk berkomunikasi dengan semua kesadaran lain di alam semesta?
- Dan apakah "hati nurani lainnya"?
- Dengan cara apa komunikasi antara hati nurani ini dapat terjadi?
- Dan akhirnya, apakah ada kesadaran global, sebuah "kesadaran super" yang menghubungkan dan menyatukan semua kesadaran individu?

Masalah-masalah ini mungkin tampak rumit, tetapi bukan tidak mungkin untuk mendekati untuk memahaminya. Banyak yang bekerja untuk memfasilitasi tugas tersebut. Para ulama ini melakukannya dengan serius dan dengan metode ilmiah.

Dalam buku ini saya menyajikan penemuan, eksperimen, dan pengalaman para sarjana paling terkenal. Teori-teori ini terkait dengan disiplin ilmu yang terlibat dalam penelitian ini, mulai dari psikologi hingga fisika kuantum.

Memiliki kemampuan untuk menyelidiki topik-topik ini, daripada menilai mereka sebagai tidak berpengaruh dari sudut pandang ilmiah, dapat memberikan kontribusi pada pemahaman objektif tentang kapasitas pikiran kita dan bagaimana ia berhasil berdialog dengan Pikiran universal.

Normal dan paranormal.

Klaim bahwa fenomena psikis adalah "paranormal" sangat dipertanyakan. Sesuatu dapat disebut "di luar kebiasaan" jika tidak sering atau tidak terjadi pada kebanyakan orang. Namun, kita semua tahu, bahkan dari pengalaman pribadi, bahwa persepsi ekstrasensori muncul secara normal dan sering.

Namun, untuk kategori peristiwa ini, ilmu resmi telah menciptakan awalan "para-" dengan arti yang murni negatif. Dengan "para-" kami mendefinisikan semua hal yang, menurut ilmu resmi, tidak dapat ditimbang dan diukur di laboratorium dan oleh karena itu tidak ada.

Mengikuti kriteria ini, banyak topik yang saya bicarakan dalam buku ini bersifat paranormal, praktisnya adalah tipuan atau hasil sugesti mental.

Pendapat dari banyak ilmuwan lain yang lebih berpikiran terbuka adalah bahwa, di sisi lain, ini adalah peristiwa normal, memang sangat normal, karena melibatkan banyak orang, seringkali lebih dari satu kali.

Oleh karena itu, saya sendiri juga mendefinisikan peristiwa-peristiwa ini sebagai fenomena, tetapi tidak dalam arti episode-episode yang dipandang hina. Dengan istilah fenomena kita akan mengacu pada fakta-fakta yang tidak biasa yang membutuhkan studi lebih lanjut agar dapat dimengerti.

Tidak jarang memiliki "visi mental" yang kemudian menjadi kenyataan. Begitu pula bisa terjadi pada kita semua untuk memikirkan seseorang yang sudah lama tidak kita lihat, dan tidak lama kemudian kita mungkin menerima panggilan telepon darinya.

Demikian pula, kita sering berhasil secara mental berbagi, dengan orang yang dicintai, beberapa pemikiran yang tumbuh di hati kita. Berbagi terjadi bahkan ketika kita belum pernah mengungkapkan pemikiran tersebut sebelumnya.

Hampir semua dari kita pernah merasakan sensasi diamati pada waktu-waktu tertentu. Kemudian kami berbalik dan kami melihat bahwa seseorang benar-benar menatap kami di belakang.

Bagi para pendukung materialisme ini hanyalah kasus atau ilusi yang matang dalam materi otak.

Menurut materialis, kemampuan berpikir manusia didasarkan pada pertukaran sinyal elektrokimia di dalam otak. Pertukaran ini terjadi di dalam tengkorak. Tidak ada yang bisa keluar.

Oleh karena itu, kemungkinan bahwa pikiran keluar dari kepala kita atau masuk ke kepala kita datang dari kepala lain sepenuhnya dikecualikan.

Segala sesuatu yang kita bayangkan lahir dan mati di otak kita, tidak ada kesempatan untuk keluar. Pikiran kita tidak dapat melakukan perjalanan ke luar angkasa dan tidak dapat mencapai otak lain.

Beberapa orang mengatakan bahwa mungkin saja mengirimkan sinyal dengan menghubungkan dua otak dengan kabel listrik. Atau, sistem wi-fi yang mampu bertukar sinyal antar otak akan dibutuhkan.

Menurut mereka, sistem wi-fi berdasarkan telepati, yaitu, pada pertukaran pikiran murni, tanpa koneksi fisik, sama sekali tidak dapat dibayangkan. Meskipun fenomena telepati tampaknya terjadi, menurut ilmu materialistik hal itu tidak terjadi. Mereka telah memutuskan bahwa telepati tidak ada.

Pada titik ini, perlu ditanyakan apakah sains itu. Mungkin sains adalah sistem di mana segala sesuatu berjalan sesuai dengan prasangka mayoritas?,

Ataukah sains adalah sistem di mana penelitian dilakukan tanpa mengecualikan kemungkinan? Harus dipertimbangkan bahwa terlalu banyak guru yang sempurna harus mengubah keyakinan mereka. Sayangnya, sering terjadi bahwa kepercayaan yang salah diubah hanya setelah dipaksakan pada semua orang untuk waktu yang lama.

Mulai dari abad-abad Pencerahan hingga beberapa tahun terakhir, materialisme adalah satu-satunya realitas yang mungkin. Akhirnya, sejak pertengahan abad terakhir, wahyu fisika kuantum telah menghapus banyak kesalahpahaman.

Sejak munculnya fisika kuantum dan seterusnya, sebagian kecil dari pikiran yang tercerahkan telah membuka cakrawala baru. Ilmuwan ini terus bertambah seiring bukti ilmiah membuat teori materialis menjadi usang.

Orang-orang ini telah mengevaluasi kembali konsep jiwa. Jiwa telah menjadi komponen penting dalam deskripsi realitas, bersama dengan materi.

Organisasi pertama yang didedikasikan untuk studi ilmiah tentang realitas ekstrasensori adalah "British Society for Psychical Research".

Masyarakat Inggris untuk Penelitian Psikis.

Pada tahun 1882 tiga anggota "Trinity College" di Cambridge menciptakan perkumpulan ini. Nama mereka adalah Chiaman Edmund Gurney, Frederic Myers dan Henry Sidgwick. Edmund Rogers juga berpartisipasi dalam yayasan

BSPR adalah asosiasi nirlaba yang didirikan dengan tujuan sebagai berikut:

"Mempelajari peristiwa dan keterampilan yang umumnya didefinisikan sebagai medium atau paranormal dengan mempromosikan dan mendukung penelitian penting di bidang ini".

Lebih jauh, perusahaan itu didirikan untuk "memeriksa fenomena paranormal secara ilmiah dan tidak memihak".

Oleh karena itu, BSPR lahir tepat untuk melakukan penelitian yang baik tentang fenomena parapsikologis atau paranormal, dan untuk mengevaluasi seberapa banyak kebenaran yang ada.

Penelitian difokuskan pada enam bidang:

- telepati;
- mesmerisme atau magnetisme;
- dialog dengan roh;
- Penampakan psikis
- fenomena fisik yang terjadi selama pemanggilan arwah;
- sejarah semua fenomena ini.

Asosiasi tersebut saat ini berlokasi di London dan Cambridge. Cabang SPR Perancis didirikan pada tahun 1885 sebagai "Société Francaise pour les Recherches Psychiques" (SFRP). Selanjutnya, cabang Amerika

"American Society for Psychical Research" (ASPR) didirikan.

Beberapa pendukung asosiasi yang terkenal adalah Carl Gustav Jung, Mark Twain, Lewis Carroll, Carl Alfred, Lord Tennyson, J. B. Rhine dan Arthur Conan Doyle.

Kegiatan asosiasi berlanjut dengan penerbitan "Journal of the Society for Psychical Research" (JSPR) triwulanan.

Masih kurang.

Penerimaan ilmu resmi dalam konfrontasi BSPR terasa dingin. Hermann Ludwig Ferdinand von Helmholtz, dokter, ahli fisiologi dan fisikawan Jerman. dia adalah salah satu ilmuwan paling cakap pada masanya. Untuk alasan ini dia dijuluki "Kanzler der Physik" (Kanselir fisika). Dia menyatakan dengan sangat tegas:

> *Saya tidak akan pernah percaya pada transmisi pemikiran antara orang yang berbeda. Saya tidak akan berubah pikiran meskipun saya mendengarkan kesaksian semua anggota BSPR. Faktanya, saya tidak akan berubah pikiran bahkan jika saya melihatnya dengan mata kepala sendiri.*

Pernyataan serupa dengan ini juga dibuat dalam kasus transmisi suara dan gambar. Namun, gelombang radio kemudian ditemukan.

Mungkin penemuan "gelombang psikis", yang saat ini tidak dikenal dalam fisika biasa, akan membuat banyak orang berpikir ulang.

Pada tingkat kuantum, "gelombang psikis", atau sesuatu yang sangat mirip, dianggap mungkin dan sedang dipelajari.

Sayangnya, sains sangat konformis dan setiap orang beradaptasi dengan situasi yang ada, terutama jika mereka memiliki banyak kerugian. Situasi di dunia penelitian sangat mengecewakan. Studi serius tentang persepsi ekstrasensori masih sangat sedikit.

Faktanya, jika seseorang ingin mengalihkan minatnya ke bidang paranormal, dia pasti tidak akan mencari pendanaan dan akan secara serius membahayakan karirnya.

Untungnya, banyak hal berubah, meski lambat. Materialisme sekarang adalah doktrin yang usang.

Sayangnya, masih ada kelompok besar yang dengan keras kepala berkomitmen untuk mempertahankan teori materialistik. Bagi mereka, kenyataannya perang berakhir dengan kekalahan.

Tembok Yerikho sedang runtuh.

Ada beberapa penemuan baru-baru ini, yang tidak terduga seperti yang didokumentasikan dan dikonfirmasi, yang mengganggu kepercayaan fisika beberapa abad terakhir dan secara meyakinkan dapat mempengaruhi pemahaman fenomena ekstrasensori (ESP).

Pengungkapan beberapa tahun terakhir, terutama di bidang fisika kuantum dan dalam studi tentang alam semesta, memberikan pandangan yang sama sekali berbeda tentang realitas.

Saya mengutip beberapa berita, berguna untuk memahami bab-bab berikut.

"DNA sampah"

Dalam biologi molekuler, "DNA non-coding" didefinisikan sebagai setiap urutan DNA yang tidak mengalami transkripsi menjadi RNA. Secara sederhana, "DNA non-coding" tidak memiliki fungsi yang diketahui, tidak ada yang tahu untuk apa. Kurangnya kegunaan DNA ini telah menyebabkan istilah DNA sampah diciptakan.

Beberapa hipotesis telah dirumuskan. Namun, satu-satunya hal yang pasti adalah bahwa sekitar 98,5% dari genom manusia terdiri dari urutan non-coding, yaitu "DNA sampah".

Bahkan dengan mempertimbangkan metode kalkulasi lain, persentase DNA yang tampaknya tidak digunakan tetap tinggi (sekitar 72,5%).

Kesamaan yang relevan dicatat antara pasangan dasar DNA manusia dan ikan, anjing, atau ayam. Rupanya, ada elemen DNA manusia yang umum bagi spesies yang berjarak jutaan tahun di jalur evolusi. Selama ini DNA dari berbagai spesies telah menjaga bagian yang "tidak berguna" tetap utuh.

Tapi bukankah mereka mengajari kita bahwa evolusi menggantikan bagian yang tidak berguna dengan perbaikan?

Oleh karena itu, sangat mungkin bahwa semua "DNA Sampah" ini memiliki peran yang tidak jelas, sangat berbeda dan mungkin lebih berkembang daripada peran DNA normal.

Regenerasi sel otak.

Neurobiologi, sejak asalnya, telah menyatakan bahwa otak mamalia dewasa (oleh karena itu juga manusia) tidak dapat menghasilkan sel saraf baru. Seiring bertambahnya usia, otak menuju kerusakan tak terelakkan.

Sekitar dua puluh tahun yang lalu, dengan ditemukannya sel induk otak, kepastian ini terhapus dan sekarang kita tahu bahwa pembentukan neuron baru di beberapa area otak orang dewasa adalah mungkin.

Berdasarkan eksperimen pada tikus, otak bisa menghasilkan hingga 10.000 neuron baru setiap hari.

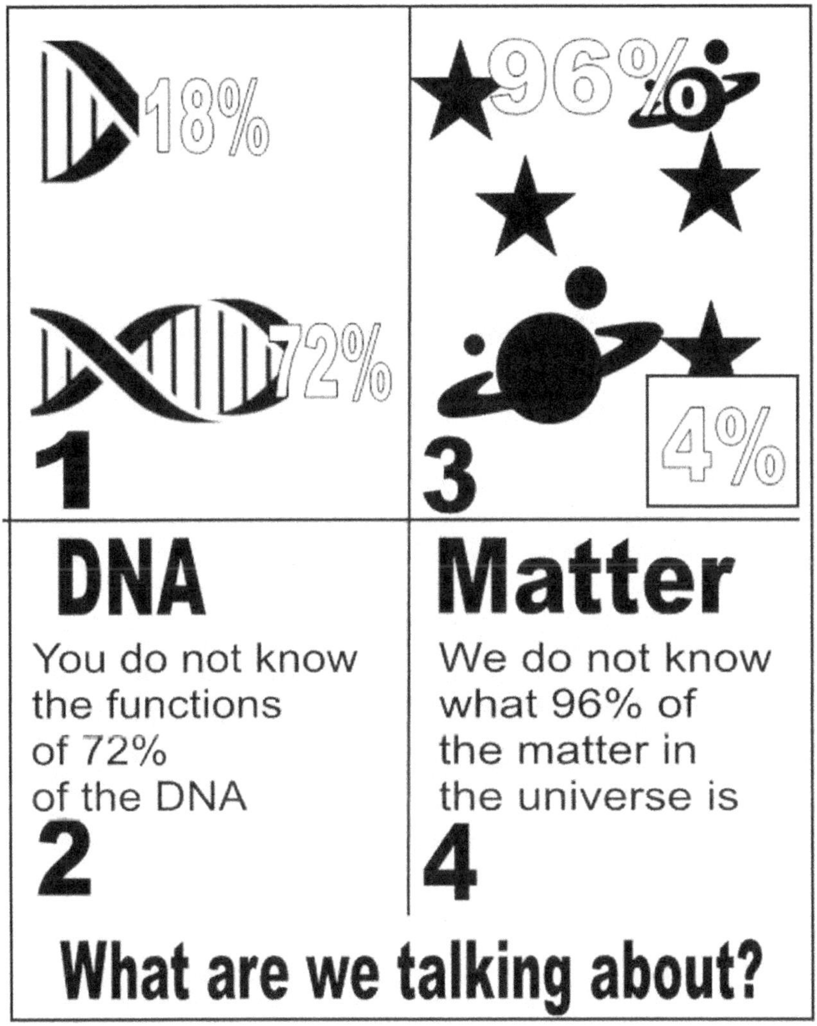

Gambar 3. Pengetahuan kita tentang dunia tempat kita tinggal masih sangat terbatas sehingga sangat sedikit yang bisa dikatakan dan tidak ada yang bisa disangkal.

1-2 72% DNA memiliki fungsi yang tidak diketahui.

3-4 96% alam semesta terdiri dari "materi gelap".

Ketahanan otak jauh lebih besar dari yang diyakini hingga beberapa dekade lalu.

Konsekuensinya, fungsi dan kapabilitas otak manusia perlu dipertimbangkan kembali. Pada tahun 1980, jurnal ilmiah bergengsi "Science" mendokumentasikan kasus seorang pasien yang menjalani perawatan di University of Sheffield, di Inggris Raya.

Pasiennya adalah seorang pelajar muda yang ternyata tidak berotak. Meski demikian, bocah itu memiliki IQ 125. Nilai ini tentunya di atas rata-rata. Padahal, pemuda itu berhasil lulus di bidang matematika dengan nilai yang sangat baik.

(Sumber: R. Lewin, "Apakah Otak Anda Benar-Benar Diperlukan?", Sains 210, 1232–1234, 1980.)

Banyak kasus lain yang diketahui tentang individu yang, meskipun mengalami kerusakan otak parah, berhasil menjalani kehidupan yang cukup normal.

Misalnya kasus Michelle, seorang wanita muda dari Virginia, lahir tanpa separuh otak kiri, terkenal. Kasus ini dipelajari dan didokumentasikan oleh Jordan Grafman, Direktur "Bethesda Cognitive Neuroscience Unit".

CICAP menerbitkan artikel di situsnya yang menyatakan bahwa cerita Michelle telah diceritakan oleh mingguan dan surat kabar sebagai bukti adanya plastisitas saraf atau neurogenesis. Menurut artikel CICAP, ini tidak masuk akal; plastisitas saraf tidak ada hubungannya dengan cerita Michelle. Cerita ini hanya menunjukkan kemampuan adaptasi otak muda terhadap lingkungan.

Ini akan menjadi kemampuan beradaptasi, faktanya adalah Michelle hidup dengan sangat baik hanya dengan setengah otak.

96% alam semesta tidak dapat ditemukan.

Mereka yang mengikuti perkembangan penelitian astronomi sudah mengetahui fakta yang luar biasa. Ketika diyakini bahwa segala sesuatu sekarang telah diketahui, ditemukan bahwa 96% alam semesta terbuat dari materi yang sama sekali tidak kita ketahui. Kami hanya tahu bahwa itu ada.

Materi ini tidak terlihat, tidak dapat diukur, tetapi kita tahu bahwa materi itu ada. Jika tidak ada, alam semesta tidak dapat berfungsi sebagaimana mestinya, berdasarkan hukum gravitasi.

Hingga saat ini, penemuan alam semesta hanya berdasarkan prediksi, yang kemudian terbukti benar. Misalnya, keberadaan neutrino dan Higgs boson telah diramalkan. Prediksi ini telah dikonfirmasi.

Saat ini keberadaan bagian dari alam semesta yang setara dengan 96% diprediksi, dan disebut "materi gelap" karena tidak terlihat dan tidak dapat diukur. Kami menunggu untuk mengetahui apakah prediksi ini juga akan akurat, atau jika alam semesta bekerja seperti ini karena alasan lain.

Pernyataan Lord Kelvin, salah satu fisikawan paling terkemuka pada masanya, muncul kembali di benaknya. Pada tahun 1900, ketika tampaknya mekanika dan elektromagnetisme Newton menjelaskan semua realitas fisik, dia berkata:

> *"Dalam sains tidak ada hal baru untuk ditemukan: tinggal membuat pengukuran yang lebih dan lebih tepat."*

Mungkin, bagaimanapun, pada masanya bahkan tidak 1% dari kenyataan telah ditemukan.

Bagian 2. Jiwa dunia.

"I simply believe that some part of the
human Self or Soul is not subject
to the laws of space and time."
(Carl Gustav Jung)

"Saya hanya yakin bahwa bagian dari" Diri "atau Jiwa
manusia tidak tunduk pada hukum ruang dan waktu."
(Carl Gustav Jung)

Kesadaran bahwa "segala sesuatu adalah satu".

Sejak awal keberadaan, pemikiran manusia telah terpesona dan terlibat oleh konsep bahwa semua ciptaan saling berhubungan melalui ikatan keseluruhan. Ini bukan pertanyaan tentang tautan yang merujuk ke materi. Ini adalah tautan psikis, yang berada di atas materi.

Paganisme dan agama animisme pertama percaya bahwa setiap realitas, bahkan yang paling sederhana, mengandung kehadiran spiritual, yang sering kali dihubungkan dengan "Jiwa ciptaan".

Plato dan "Anima mundi".

Di antara orang pertama yang berbicara tentang jiwa universal adalah Plato, seorang filsuf Yunani yang hidup antara 428 dan 340 SM. yang mengucapkan konsep tersebut dalam "Timaeus", mengambilnya dari tradisi oriental yang lebih kuno. Plato menulis seperti ini:

> "Wherefore, using the language of probability, we may say that the world became a living creature truly endowed with soul and intelligence by the providence of God". (Plato, Timaeus, chapter VI, 30b-30c)

> *"Oleh karena itu, menurut tesis yang mungkin, harus dikatakan bahwa dunia ini dilahirkan sebagai makhluk hidup yang benar-benar*

diberkahi dengan jiwa dan kecerdasan berkat pemeliharaan ilahi" (Plato, Timaeus, bab VI, 30b-30c).

Plato juga memiliki masalah dengan materialisme yang pada saat itu diwakili oleh filsuf lain, Democritus. Democritus hidup dari 460 hingga 370 SM. Dia menganjurkan tesis atomisme. Tesis ini merepresentasikan bentuk pemikiran pertama yang menurutnya materi merupakan satu-satunya substansi dan satu-satunya penyebab dari berbagai hal.

Filsuf Kristen Plotinus hidup pada abad ketiga. Dia mengacu pada pemikiran Plato ketika dia menulis sebagai berikut dalam karyanya "Enneidi":

"This universe is a unique animal that contains in itself all the animals, having only one Soul in all its parts". (Plotinus, Thc Enneads IV, 4, 32)

"Alam semesta ini adalah hewan unik yang berisi semua hewan di dalamnya. Faktanya, alam semesta hanya memiliki satu Jiwa di semua bagiannya "(Plotinus, Enneadi IV, 4,32)

Belakangan, kita bisa membedakan antara pemikiran Barat dan pemikiran Timur.

"Anima mundi" menurut pemikiran Barat.

William dari Conches, filsuf skolastik Prancis abad ke-12, yang menafsirkan pemikiran Kristiani yang terkait dengannya, berbicara tentang "Jiwa dunia" dalam istilah berikut:

> The Soul of the World is a natural energy beings for which some have only the ability to move, the other to grow, others to perceive through the senses, others to judge. The question is ... what is that energy. But, as it seems to me natural that energy is the Holy Spirit, which is a benign and divine harmony that is that from which all realities have to be, to move, to grow, the feeling, the experience, the judge."

> *"Jiwa dunia adalah energi alami makhluk. Berkat energi ini beberapa makhluk memiliki kemampuan untuk bergerak, yang lain untuk tumbuh, yang lain untuk melihat melalui indera, yang lain untuk membuat penilaian. [...]*
> *Kami ingin tahu apa itu energi. Tentu saja, energi alam itu adalah Roh Kudus. Energi ini ilahi dan baik hati. Segala sesuatu bisa ada, tumbuh, bergerak, merasakan, hidup, menilai berkat energi ini".*

Pada abad ke-16 konsep "Jiwa dunia" didukung oleh Giordano Bruno. Filsuf ini membayangkan Tuhan yang begitu hadir di alam, sehingga mampu menegaskan bahwa alam itu sendiri adalah Tuhan.Filsuf Tommaso

Campanella juga berpendapat bahwa semua elemen realitas yang ada memiliki nurani.

"Anima mundi" dalam pemikiran Timur.

Sejalan dengan bentuk khas Barat, konsep "Jiwa dunia" juga berkembang di Timur, dalam agama-agama seperti Hindu, Budha dan Taoisme.

Bahkan dalam agama atau filosofi Timur, gagasan yang berlaku bahwa alam semesta digerakkan oleh kekuatan yang bersatu dan kompak.

Di Cina gaya ini adalah Tao, yaitu aktivitas yang membawa dualisme kosmik yang diwakili oleh "yin dan yang" menjadi satu.

Dalam teks terkenal "Tao Te Ching", guru Lao Tse menggambarkan Tao dengan syair berikut:

> There was something undefined and complete, coming into existence before Heaven and Earth.
> How still it was and formless,
> standing alone, and undergoing no change, reaching everywhere and in no danger. It may be regarded as the Mother of all things.
> I do not know its name, and I give it the designation of the Dao. Making an effort to give it a name I
> call it The Great.

> *Ada sesuatu yang sempurna tanpa pandang bulu.*
> *Ini ada sebelum kelahiran langit dan bumi.*
> *Betapa tenangnya dia! Dan betapa kosongnya itu!*

Dia Independen dan tidak berubah.
Tao mengembara tanpa hambatan.
Kita bisa menganggap Tao sebagai ibu dunia.
Anda tidak tahu namanya.
Saya menyebutnya "Tao".
Saya menyebutnya "Apa yang hebat".
Namun, nama ini belum cukup untuk mengekspresikan kehebatannya.

Carl Jung mengomentari ayat-ayat "Tao Te Ching" ini dalam esainya tentang sinkronisitas. Dalam kutipan tersebut Jung mengacu pada sarjana Richard Wilhelm. Wilhelm menerjemahkan Tao sebagai "arti benda". Dengan demikian, Tao merepresentasikan makna realitas alam semesta.

Demikian pula, peristiwa "sinkronisitas" menjadi bermakna hanya ketika orang yang mengalami peristiwa itu mengartikan serangkaian fakta yang tidak terkait. "Makna" yang dijelaskan oleh Jung tidak memiliki sifat fisik. Ini secara eksklusif merupakan intuisi jiwa.

"Tao te Ching" juga berisi ayat-ayat ini:

"The Tao (meaning) causes things
In a misty, indistinct manner.
So indistinct, so foggy
Images are in him,
so foggy, so indistinct
things are in him ...
....
You look for it with your eyes and you don't see it,
this means, expressed with a name: what is aerial.
He strains his ear and does not hear it,
this means, expressed by a name: the subtle
He holds out his hand and does not grasp it,

this means, with a name: the incorporeal.
...
It means form without form,
the image without a thing.
It means the nebulous-vanished,
you go towards him and you can't see his face,
if you follow it you can't see its back."

Tao (makna) menghasilkan peristiwa.
Dia melahirkan mereka dengan cara yang kabur dan tidak jelas.
Betapa tidak jelasnya, betapa berkabut gambaran mental yang terlihat melalui Tao!
Betapa tidak jelasnya, betapa berkabutnya benda-benda material yang terlihat melalui Tao!
....
Anda mencari Tao dengan mata Anda dan Anda tidak melihatnya.
Namanya "halus".
Anda menegangkan telinga Anda untuk mendengar Tao dan Anda tidak mendengarnya.
Namanya "kurus".
Anda mencari Tao dengan tangan Anda dan tidak menggenggamnya,
Namanya "tanpa tubuh material".
...
Tao berarti "bentuk tanpa bentuk".
Tao berarti "sesuatu tanpa materi".
Tao berarti "lenyap kabur".
Jika Anda pergi ke Tao, Anda tidak akan melihat wajahnya.

Jika Anda mengikutinya, Anda tidak akan melihat punggungnya.

Untuk Hinduisme dan Budha, "Jiwa dunia" adalah "'Ātman". Ini adalah prinsip "Diri, sesuatu yang individual dan internal. Prinsip pribadi dan intyeruiore ini tak terpisahkan dengan prinsip Brahman, universal dan eksternal.

Sebuah keajaiban terjadi di "Gereja Baptis West Side".

Pada malam yang dingin pada hari Rabu, 1 Maret 1950, seperti biasa, anggota paduan suara Gereja Baptis West Side, yang terletak di 488 West Court di kota Beatrice di Nebraska, akan bertemu.

Gladi bersih paduan suara akan dimulai pukul 19.30. Biasanya tak satu pun dari lima belas penyanyi itu datang terlambat, untuk menghormati yang lain. Terlebih, komitmen itu dilakukan dengan tanggung jawab mereka yang terpanggil untuk melayani kemuliaan Tuhan.

Tiga menit sebelum start, tepatnya pada pukul 19.27 ketika sang ketua paduan suara biasanya sudah siap di podium dengan tongkat di tangan, gereja meledak. Potongan-potongan dinding dan atap, furnitur, kursi, dan setiap bagian ruangan lainnya, terlempar ke mana-mana sejauh puluhan meter. Penyebabnya, yang kemudian dipastikan oleh pemadam kebakaran, adalah ledakan gas.

Secara kebetulan yang luar biasa, kelima belas penyanyi diselamatkan, karena pada malam itu tidak ada yang datang tepat waktu. Khususnya, Pendeta Pendeta Walter Kiempel, istri dan putrinya Marilyn Ruth telah menyadari pada saat terakhir bahwa gaun putri mereka ternoda dan telah membuang waktu karena gaun yang lain harus disetrika.

Herb Kipf, seorang juru tulis, harus melengkapi surat mendesak kepada manajemen perusahaannya, dan kemudian memasukkannya ke dalam kotak surat untuk

BEATRICE DAILY SUN

on Still
s Gloomy
r Picture

Rail, Phone,
Strike
Looming

Gas Is Blamed For Church Explosion

Find 2 Leaks In Main Not Very Distant

Gas May Have Followed Pipe Through Frozen Ground

Legal Snarls
Signing Of C

Contract May Not Be
Lewis Meets With

Happy Miners Toast Lewis: Rarin' To Go

Coal Diggers Elated Over Chance To Get Back To Work

Gambar 4. Halaman depan Beatrice Daily Sun dengan berita ledakan.

Gambar 5. Gedung Gereja Baptis West Side setelah ledakan pada tanggal 1 Maret 1950.

Joyce Black, pada awalnya memutuskan untuk tidak keluar malam itu, karena kedinginan, tetapi kemudian dia keluar. Namun, karena keragu-raguan dia datang terlambat.

Akhirnya, Leonard Schuster telah membantu ibunya mempersiapkan diri untuk pertemuan misionaris dan tidak menyadari bahwa dia terlambat.

Berkat serangkaian keadaan, tidak satu pun dari 15 anggota paduan suara yang mengalami kerusakan akibat ledakan tersebut. Dapatkah kebetulan digunakan untuk menjelaskan rangkaian kebetulan yang luar biasa ini? Faktanya, semua "penundaan yang tidak biasa" ini tampaknya tidak normal.

Menurut Carl Gustav Jung, ketika kebetulan diulang begitu saja, itu masuk akal bagi mereka yang hidup dalam situasi itu. Menurut Jung, sederet fakta aneh bisa menjadi "signifikan".

Studi tentang apa yang disebut kebetulan "signifikan" memungkinkan Jung untuk mengembangkan "teori sinkronisitas".

Istilah "sinkronisitas Carl Jung" menunjukkan hubungan antara dua atau lebih peristiwa yang terjadi tanpa sebab yang sama. Peristiwa harus terjadi secara independen. Tak satu pun dari peristiwa tersebut harus merupakan konsekuensi dari peristiwa lain. Tidak ada acara yang harus memengaruhi acara lain dalam rangkaian. Selain itu, peristiwa yang membentuk "sinkronisitas Jung" harus terjadi dalam periode waktu apa pun. Tetapi mereka harus terhubung satu sama lain secara wajar, meskipun mereka jauh dalam waktu.

dikirim keesokan paginya. Akibatnya bibinya juga, Esther Stuermer datang terlambat bersamanya.

Dorothy Wood, seorang siswa muda, sibuk merawat ayahnya yang sakit dan karena itu memiliki masalah yang menyebabkan penundaan itu. Karena dia tidak tinggal jauh dari gereja, dia selalu berjalan kaki dengan tetangganya Lucille Jones yang, tidak melihat kedatangannya, telah menunggunya.

Nyonya Paul, direktur paduan suara, harus membantu putranya dengan suatu tugas. Akibatnya, dia dan putrinya Marilyn datang terlambat. Harvey Ahl juga telat merawat anak-anak. Ladona Vandergrift, Royena Estes dan Sadle Esh, yang bepergian dengan mobil yang sama, mengalami masalah mekanis.

Faktanya, tidak ada hubungan sebab akibat antara penundaan paduan suara dan ledakan gereja: ledakan tidak bisa menjadi penyebab penundaan. Nyatanya, itu terjadi belakangan. Demikian pula, penundaan bukanlah penyebab ledakan.

Penting untuk diingat bahwa jumlah dari semua penundaan telah menjadi alasan keselamatan bagi lima belas orang. Berkat ini kami dapat percaya bahwa acara ini memiliki karakteristik khusus.

Dalam realitas fisik kami, tidak ada yang tahu bahwa gereja akan meledak. Tapi mungkin, di level realitas lain, hal itu sudah diketahui. Pada level ini, ruang dan waktu tidak ada, semuanya sudah diketahui.

Di tingkat tanpa masa lalu dan masa depan, kesadaran akan bahaya dan terjadinya bahaya yang sama hadir secara simultan dan abadi.

Jika kesadaran manusia bisa mencapai tingkat ini, bahaya apa pun akan diketahui sebelumnya. Karena itu, bahaya apa pun bisa dihindari. Sayangnya, kami tidak dapat melakukan perjalanan ini. Namun, terkadang informasi yang mengarahkan dan datang mencari kita. Informasi tersebut datang secara misterius. Tiba-tiba, kita "tahu". Dalam kasus ini kita dapat mengetahui hal-hal yang berasal dari kebijaksanaan yang tidak diketahui.

Bagian ketiga. Sinkronitas Carl Jung.

"Life is a game in reverse. The truth is that all our situations or circumstances have their beginning in our mind. Our idea of who we are create what we become. The great news is that you can change your ideas and change your life. " (Carl Gustav Jung)

"Hidup adalah permainan yang berjalan mundur. Yang benar adalah bahwa semua situasi atau keadaan di mana kita terlibat memiliki permulaan dalam pikiran kita. Ide kita tentang siapa kita menciptakan kita menjadi apa. Kabar baiknya adalah Anda dapat mengubah keyakinan tentang diri Anda sendiri, sehingga Anda dapat mengubah hidup Anda. " (Carl Gustav Jung)

Carl Gustav Jung. Sinkronisasi dan alam bawah sadar kolektif.

Metode untuk mendefinisikan "Jiwa dunia" secara lebih ilmiah adalah dengan mengidentifikasinya dengan teori yang disebut "alam bawah sadar kolektif". Teori ini dikembangkan oleh Carl Jung, seorang psikoanalis, psikiater dan antropolog ternama, lahir di Kesswil, Swiss pada tanggal 26 Juli 1875.

Ketidaksadaran kolektif merepresentasikan wadah "ide", arketipe. Ini seperti kesadaran yang lebih tinggi, di mana semua kesadaran individu terhubung, sehingga isinya dapat dibagikan. (Lihat gbr 6)

Pola dasar yang terkandung dalam ketidaksadaran kolektif adalah bentuk dan simbol yang memanifestasikan dirinya dalam semua orang dari semua budaya. Kita semua bisa mendapatkan keuntungan dari isi alam bawah sadar kolektif.

Jung membangun teori alam bawah sadar kolektif yang dimulai dari pemeriksaan atas kejadian-kejadian aneh yang mempengaruhi semua orang.

Ketika kebetulan ini dimanifestasikan sedemikian rupa sehingga tidak bisa dianggap sebagai buah kebetulan, mereka menjadi sinkronisitas. Sinkronisasi berasal dari alam bawah sadar kolektif.

Kebetulan yang signifikan tidak lagi dapat dianggap sebagai hasil kebetulan, tetapi mereka membutuhkan tingkat kesadaran yang lebih tinggi agar dapat dijelaskan.

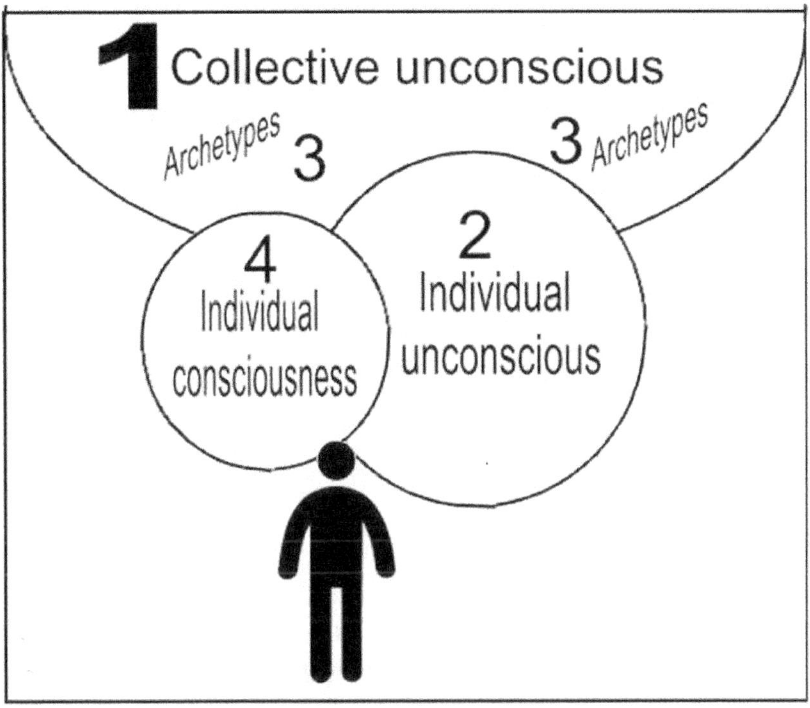

Gambar 6. Menurut Jung, jiwa manusia dapat dibagi menjadi tiga lapisan: kesadaran, ketidaksadaran individu dan ketidaksadaran kolektif.

1 Alam bawah sadar kolektif. dari seluruh umat manusia.

2 Alam bawah sadar setiap individu.

3 Pola dasar hadir di alam bawah sadar kolektif.

4 Hati nurani pribadi.

Menurut teori yang dikembangkan oleh Jung, jiwa manusia dapat dibagi menjadi tiga lapisan yang berbeda: kesadaran, alam bawah sadar individu dan alam bawah sadar kolektif. Tingkat kesadaran mengandung semua gagasan yang disadari sepenuhnya.

Setiap individu memiliki bagian yang tidak disadari. Dimensi jiwa itulah yang tidak disadari oleh individu secara langsung. Ini berisi naluri, pikiran, emosi, model perilaku yang menjadi dasar tindakan seseorang.

Sebaliknya, alam bawah sadar kolektif mengandung semua pengetahuan tentang kemanusiaan, dalam bentuk arketipe.

Sinkronisasi adalah peristiwa di mana arketipe mengalir dari ketidaksadaran kolektif ke kesadaran individu kita, dengan efek signifikan pada realitas kita.

Dalam kedua kasus yang diriwayatkan di halaman-halaman sebelumnya, pembantaian di Jalan Baruhill yang melibatkan Lisa Gannan dan ledakan Gereja Baptis West Side yang melibatkan lima belas anggota paduan suara, kita dapat mengidentifikasi sebuah peristiwa sinkronis.

Seutas benang tipis yang terhubung dengan kehidupan mereka bisa saja membawa keselamatan Lisa muda. Benang yang sama dan benar-benar menentukan keamanan para penyanyi. Kita harus bertanya pada diri sendiri: kekuatan apa, misteri apa, apa yang ada di ujung lain dari benang tipis itu?

Apakah isi kasus ini benar-benar memungkinkan kami untuk mengidentifikasinya sebagai episode sinkronis? Mari kita coba memeriksa kedua peristiwa itu secara mendetail, untuk melihat bagaimana mereka berubah dari kebetulan acak sederhana menjadi sinkronisitas.

Sinkronisasi dalam acara Baruhill Street.

Beberapa hari sebelum pembantaian, Lisa Gannan menulis beberapa ayat yang membingungkan, kontras dengan temperamennya yang ceria dan ceria.

Seorang guru sekolah menengah membacakan ayat-ayat tersebut, dan bertanya pada Lisa mengapa dia sangat sedih. Lisa menjawab bahwa dia tidak tahu, ayat-ayat itu datang kepadanya secara spontan.

Episode itu bisa dianggap kebetulan yang sepele. (Lihat gbr 7)

Beberapa waktu kemudian terjadi pembantaian dimana Lisa kehilangan nyawanya. Tidak ada kaitan antara pembantaian dan penulisan kalimat sedih. Pembantaian hanyalah sebuah berita, sama dengan semua yang terjadi, setiap hari, di dunia. (Lihat gbr 8)

Jika kita mempertimbangkan masing-masing dari dua fakta secara individu, kita dapat melihat bahwa keduanya tidak ada hubungannya satu sama lain. Tidak ada peristiwa yang menjadi penyebab dari yang lainnya.

Mari kita coba, bagaimanapun, untuk mempertimbangkan dua episode bersama-sama.

Mari kita coba memberi dua fakta sebuah "makna" yang menghubungkan mereka.

Jika kedua episode itu dihubungkan oleh sebuah "perasaan", mereka tidak lagi sepele, tetapi menjadi signifikan. (Lihat gambar 9)

Fakta-fakta yang terhubung, seperti pada gambar, mewakili sinkronisitas. Pada gambar 10 kita dapat melihat bagaimana sinkronisitas dibangun.

 7	Lisa Gannan writes unusually sad verses that evoke death	It is a trivial causality, due to a moment of "black humor"

 8	Malcom Baker enters the house of Thomas Gannan and kills six people	A case of Black chronicle how so many happen

 9	Lisa Gannan writes unusually sad verses that evoke death	According to what will happen shortly, we consider the fact as a premonition
	Malcom Baker enters the house of Thomas Gannan and kills six people	This event confirms Lisa Gannan's premonition

Gambar 7 Lisa Gannan menulis baris sedih yang tidak biasa tentang kematian. Ini mungkin karena momen suasana hati yang negatif.

Lisa menulis syair, seperti yang biasa dia lakukan. Ini seharusnya tidak tampak tidak biasa. Satu-satunya keanehan adalah bahwa ia menggunakan kata-kata dan konsep yang sangat pesimis.

Gambar 8. Malcolm Baker memasuki rumah Thomas Gannan dan membunuh enam orang.

Ini adalah kasus berita kriminal biasa. Banyak kasus serupa terjadi. Pembantaian yang disebabkan oleh Malcom Baker, di mana dia juga membunuh putranya sendiri, adalah bagian dari kisah kriminal.

Gambar 9 Mengingat apa yang akan segera terjadi, kami menganggap fakta ini sebagai visi masa depan. Malcolm Baker memasuki rumah Thomas Gannan dan membunuh enam orang.

Ini adalah kasus berita kriminal biasa. Banyak kasus serupa terjadi. Pembantaian yang disebabkan oleh Malcom Baker adalah bagian dari laporan kejahatan.

Namun, pembantaian tersebut menegaskan pandangan negatif Lisa Gannan. Jika kita simak kedua fakta itu bersama-sama, puisi yang ditulis Lisa menjadi ramalan masa depan. Pembantaian tersebut merupakan konfirmasi atas prediksi Lisa.

Namun, kami memiliki keraguan. Lisa diperingatkan tentang bahaya yang akan datang. Kita bisa bertanya pada diri kita sendiri mengapa para korban lainnya tidak diperingatkan.

Faktanya, kita tahu bahwa Lisa menulis puisi yang tragis hanya berkat kesaksian guru yang telah membaca puisi itu. Kalau tidak, kita tidak akan pernah tahu tentang keadaan ini. Lisa sendiri tidak mementingkan puisinya.

Sayangnya, petunjuk yang diterima Lisa cepat berlalu, dan kemungkinan besar akan hilang dalam ingatannya.

Jika demikian, kita dapat membayangkan bahwa para korban pembantaian lainnya mungkin telah menerima peringatan juga. Namun, peringatan ini tidak dipertimbangkan.

Mari kita lihat gambar 10. Ini merupakan hipotesis yang mengacu pada teori yang diuraikan oleh Carl Jung. Jelas ini adalah rekonstruksi yang disederhanakan. Rekonstruksi ini ditujukan untuk memahami keterlibatan berbagai lapisan kesadaran.

Butir 1. Alam bawah sadar pribadi Malcolm Baker "membengkak" dengan niat membunuh. Mungkin Malcolm, dalam kesadarannya, belum merasakannya. Namun, di alam bawah sadar, yang merupakan tempat naluri dan emosi utama, keinginan untuk membunuh semakin kuat. Ini menciptakan "medan ketegangan" yang merusak keselarasan jiwanya.

Poin 2. Ketegangan naik ke alam bawah sadar kolektif dan menggairahkan "konsep psikis primordial atau" pola dasar "pembunuhan.

Poin 3. Kegembiraan menciptakan "medan penderitaan" antara pola dasar pembunuhan dan pola dasar "ketakutan akan kematian". Yang terakhir menghasilkan "medan energi". Dari "medan energi" muncul informasi yang mengkomunikasikan alarm ke alam bawah sadar pribadi Lisa.

Butir 4. Alam bawah sadar pribadi Lisa memproses informasi dengan alat yang dimilikinya. Tujuannya adalah untuk membuat informasi tersebut sedapat mungkin dapat dipahami oleh kesadaran Lisa. Salah satu alat yang ada di alam bawah sadar Lisa adalah kecenderungan untuk menulis syair puitis. Informasi yang diterima dari alam bawah sadar kolektif diproses menggunakan alat ini.

Poin 5. Informasi yang datang dari alam bawah sadar kolektif dibuat eksplisit ke hati nurani Lisa muda melalui penulisan ayat. Sayangnya, bagaimanapun, Lisa tidak memahami makna tragis dari apa yang dia tulis. Dia hanya mencatat bahwa garis-garis itu "lahir dalam pikirannya".

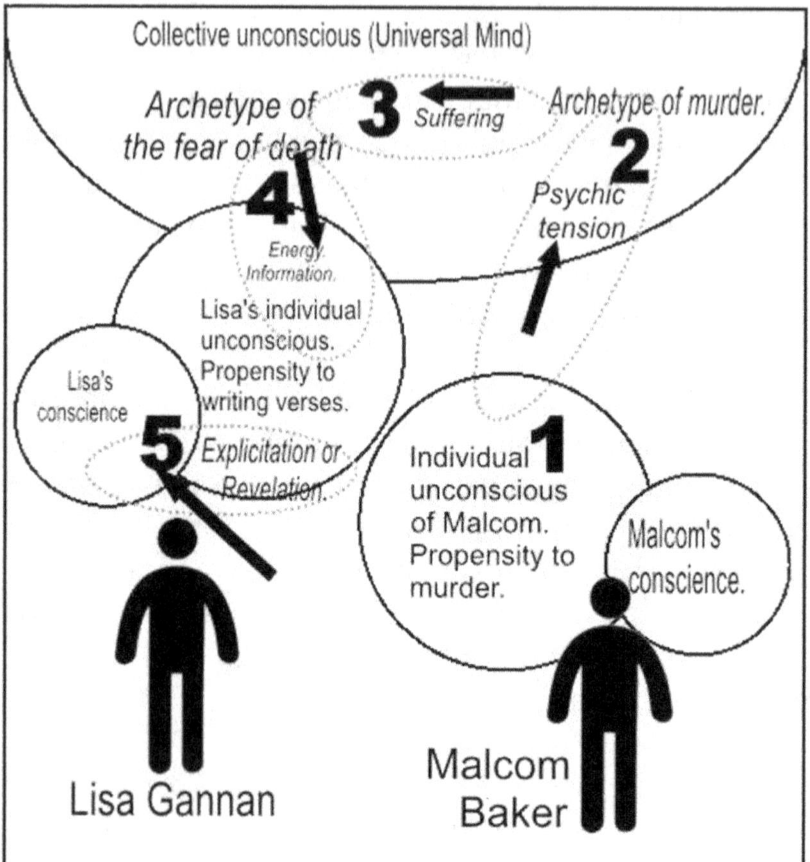

Hypothesis on the formation of synchronicity in the case of Lisa Gannan.

Gambar 10. Hipotesis tentang pembentukan "sinkronisitas" dalam kasus Lisa Gannan.

1 Hati nurani Malcolm Baker. Alam bawah sadar pribadi Malcolm Baker. Kecenderungan pembunuhan.

2 Ketegangan muncul dalam "konsep psikis primordial atau" pola dasar "pembunuhan.

3 "Penderitaan" lahir dari pola dasar "ketakutan akan kematian".

4 Alam bawah sadar pribadi Lisa Gannan. Kecenderungan puisi.

5 Lisa Gannan mengungkapkan, melalui puisi tragis, informasi yang mengalir dari alam bawah sadar kolektif ke alam bawah sadar individu.

"Bidang Kekuatan Psikis" dan Realitas yang Dimodifikasi.

Penting untuk dicatat bahwa kita telah menggunakan ungkapan "medan" beberapa kali untuk menunjukkan "medan ketegangan", "medan penderitaan", dan "medan informasi". Kami akan kembali secara ekstensif ke konsep "lapangan" di bab-bab berikutnya.

Hal penting lainnya adalah apa yang kita sebut "tindakan transformasi". Ini adalah perubahan yang dibawa peristiwa sinkronisitas ke emosi Lisa. Seorang gadis dengan watak yang ceria dan ceria, dia menulis syair yang sangat sedih. Episode sinkronisitas dapat menghasilkan "transformasi" karena "medan gaya" yang berasal dari alam bawah sadar kolektif mengandung informasi dan energi.

Sinkronisasi dalam peristiwa penyanyi paduan suara, yang diselamatkan oleh ledakan gereja.

Dalam kasus ledakan Gereja Baptis West Side, sinkronisitas menghasilkan transformasi yang jauh lebih nyata. Nyatanya, dalam kasus ini, sinkronisitas telah mengubah realitas secara "fisik". Bahkan, terjadi peristiwa tak terduga yang menyebabkan keterlambatan kedatangan kelima belas penyanyi tersebut. .

Juga dalam kasus ini, jika kita menelaah alasan penundaan satu per satu, kita dapat melihat bahwa ini adalah kasus yang sepele. Mereka semua mirip dengan yang bisa terjadi pada siapa saja. Gambar 12 menampilkan beberapa diantaranya.

Penundaan ini tidak ada hubungannya dengan ledakan yang hanya akan terjadi nanti. Pada gambar 11 ledakan gereja direpresentasikan dengan sendirinya, tanpa ada hubungan sebab akibat dengan keterlambatan para pemusik.

	At 7.30 pm the singing tests must begin. At 7.27 the church explodes.	It is a trivial accident due to a gas leak.

Gambar 11. Awal gladi bersih paduan suara dijadwalkan pukul 19.30. Namun, pada pukul 19.27 gereja tersebut meledak. Ini kecelakaan sepele karena kebocoran gas. Jadi, ledakan itu tidak lebih dari konsekuensi nyata dari sebuah kecelakaan teknis.

1	Pastor Walter Kiempel, his wife and daughter are delayed to iron a dress.	It's a simple delay as it can happen at all.
2	Harvey Ahl delays because he has to look after his two children.	It's a simple delay as it can happen at all.
3	Ladona Vandergrift, Royena Estes and Sadle Esh are delayed due to car problems.	It's a simple delay as it can happen at all.
4	Joyce Black delays because is afraid of Cold	It's a simple delay as it can happen at all.
5	All the other Choristas...... delay for trivial randomness	

Gambar 12. Gambar tersebut mengilustrasikan penundaan beberapa musisi. Setiap penundaan, yang dianggap secara individual, dapat dianggap sebagai kebetulan yang sepele.

1 Pendeta Walter Kempel datang terlambat, karena istrinya ingin menyetrika baju.

2 Harvey Ahl datang terlambat karena dia harus menjaga kedua anaknya.

3 Ladona Vandergrift dan teman-temannya datang terlambat karena mobil mereka bermasalah.

4 Joyce Black datang terlambat karena suhu luar yang dingin.

5 Semua musisi menunda karena alasan sepele.

	Pastor Walter Kiempel, wife and daughter slow down.	Since all delay it is a SIGNIFICANT COINCIDENCE
	Harvey Ahl delays.	Since all delay it is a SIGNIFICANT COINCIDENCE
	Ladona Vandergrift, Royena Estes and Sadle Esh delay.	Since all delay it is a SIGNIFICANT COINCIDENCE
	Joyce Black delays.	Since all delay it is a SIGNIFICANT COINCIDENCE
	Herb Kipf and Aunt Ester delay.	Since all delay it is a SIGNIFICANT COINCIDENCE
	Dorothy Wood and Lucille Jones delay.	Since all delay it is a SIGNIFICANT COINCIDENCE
	Leonard Schuster delays.	Since all delay it is a SIGNIFICANT COINCIDENCE
	Mrs. Paul and her daughter Marylin are delaying.	Since all delay it is a SIGNIFICANT COINCIDENCE
	At 7.30 pm singing rehearsals must begin. At 7.27 pm a church explodes.	All these coincidences indicate that a synchronicity has occurred.

Gambar 13 Gladi bersih dilakukan pada pukul 19.30. Pukul 19.27 gereja meledak.

Semua musisi datang terlambat. Penundaan SEMUA lima belas orang adalah peristiwa yang benar-benar luar biasa. Dengan demikian, serangkaian penundaan menjadi "kebetulan yang signifikan".

Signifikansi kebetulan ini berasal dari fakta bahwa semua penundaan terjadi bersamaan dengan cara yang sama sekali tidak biasa. Karena jumlah penundaan terjadi tak lama sebelum ledakan, dan menentukan keamanan lima belas musisi, kami menyimpulkan bahwa ini adalah "sinkronisitas Carl Jung".

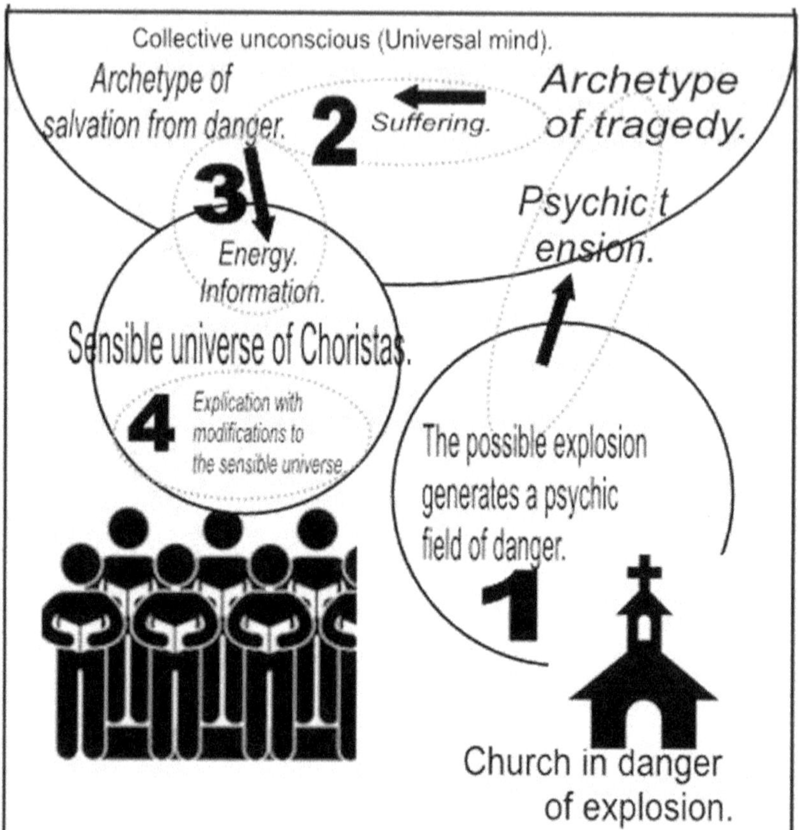

Hypothesis on the formation of synchronicity in the case of the fifteen choristers.

Gambar 14. Hipotesis yang disederhanakan tentang pembentukan sinkronisitas dalam kasus ledakan Gereja Baptis West Side.

1 Gereja akan meledak. Ledakan yang mungkin terjadi menghasilkan "medan bahaya psikis".

2 Dalam alam bawah sadar kolektif, "penderitaan" muncul.

3 "Penderitaan" yang lahir di alam bawah sadar kolektif menghasilkan aliran energi dan informasi yang diarahkan ke alam bawah sadar pribadi para musisi. . 4 Energi dan informasi mengalir dari alam bawah sadar kolektif dan menghasilkan "transformasi fisik" di alam semesta penyanyi yang sensitif. Itu semua terwujud dalam penciptaan penundaan yang tampaknya sepele.

Namun, jika kita menganggap bahwa kelima belas penyanyi itu telah mengalami penundaan (yang benar-benar tidak biasa, karena biasanya mereka semua tepat waktu) kita menyadari bahwa ini bukan lagi kasus yang sederhana ..

Lima belas penundaan kebetulan terjadi pada saat gereja akan meledak, menjadi signifikan, dan tidak diragukan lagi mengungkapkan peristiwa sinkronisitas. (Lihat gbr 13)

Juga dalam kasus ini kita dapat merekonstruksi pada Gambar 14 (dengan cara ilustratif lengkap) bagian-bagian yang menjelaskan pembentukan peristiwa sinkronisitas.

Poin 1. Gereja akan segera meledak. Ini menghasilkan "medan ketegangan" yang melibatkan "pola dasar tragedi" di alam bawah sadar kolektif.

Dalam realitas fisik kita ledakan belum terjadi, tetapi sudah ada dalam realitas non-fisik alam bawah sadar kolektif. Padahal, dalam realitas psikis ini, tidak ada batasan terkait ruang dan waktu.

Poin 2. Dalam alam bawah sadar kolektif, "pola dasar tragedi" menghasilkan "medan penderitaan".

Poin 3. Dalam alam bawah sadar kolektif ada "medan gaya" yang mengalir menuju alam semesta fisik dari lima belas penyanyi paduan suara. "Medan gaya" ini tidak hanya berisi informasi, tetapi juga energi. Memang, semua "medan kekuatan psikis" mengandung energi dan informasi.

Butir 4. "Medan gaya psikis" memanifestasikan dirinya dalam alam semesta fisik penyanyi, menghasilkan beberapa transformasi dari situasi nyata mereka. Bidang tersebut menyebabkan, dalam setiap situasi pribadi, sebuah "kecelakaan" yang menghasilkan penundaan dan mengubah peristiwa pada malam hari.

Bukan hal yang aneh untuk mengamati transformasi alam semesta fisik ini. Jung menyebut peristiwa ini "numinus". Istilah "numinus" digunakan oleh Jung berarti "sakral, tapi tidak religius". Istilah ini bisa berarti "dikelilingi oleh aura suci", seperti menanamkan "rasa takut dan hormat".

Kita dapat mengingat beberapa contoh yang dikutip oleh Carl Jung dalam karyanya. Contoh-contoh ini termasuk transformasi fisik dari realitas, yang terjadi selama episode sinkronisitas.

Saat realitas berubah secara fisik.

Episode yang berjudul "of the scarab" tentu saja merupakan serial klasik yang dikutip oleh Carl Jung dalam tulisannya. . Dalam esainya "Synchronicity as a Principal of Acasual Connection" yang diterbitkan pada tahun 1952, Jung menggambarkan peristiwa tersebut sebagai berikut:

"A young woman I was treating had, at a critical moment, a dream in which she was given a golden scarab. While she was telling me this dream, I sat with my back to the closed window. Suddenly I heard a noise behind me, like a gentle tapping. I turned round and saw a flying insect knocking against the window-pane from the outside. I opened the window and caught the creature in the air as it flew in. It was the nearest analogy to a golden scarab one finds in our latitudes, a scarabaeid beetle, the common rose-chafer (Cetonia aurata), which, contrary to its usual habits had evidently felt the urge to get into a dark room at this particular moment. I must admit that nothing like it ever happened to me before or since."

"Seorang pasien muda bermimpi pada saat yang menentukan dalam perawatannya. Dalam mimpi itu wanita itu menerima scarab emas sebagai hadiah. Sementara wanita itu memberi tahu saya mimpi ini, saya duduk dengan punggung menghadap ke jendela yang tertutup.

Tiba-tiba aku mendengar suara di belakangku, seolah-olah ada sesuatu yang mengetuk jendela dengan lembut. Saya berbalik dan melihat serangga bersayap yang, dari luar, bertabrakan dengan jendela.

Saya membuka jendela dan menangkap serangga itu. Itu sangat mirip dengan "kumbang emas", atau "Cetonia aurata", kumbang biasa yang hidup di tanaman mawar. Ternyata, pada saat itu serangga tersebut telah mencoba, berlawanan dengan kebiasaannya, untuk memasuki ruangan yang gelap. Saya harus menambahkan bahwa kasus seperti itu belum pernah terjadi pada saya sebelumnya, dan itu tidak terjadi pada saya, atau sesudahnya. Bahkan mimpi wanita itu tidak terulang dalam pengalaman saya. "

Dalam sisa esainya, Jung menjelaskan peristiwa tersebut dalam istilah psikoterapi, dan menjelaskan bagaimana episode tersebut terbukti efektif untuk pemulihan pasien. Faktanya, scarab adalah simbol klasik kelahiran kembali.

Pada kesempatan lain, dalam surat yang ditulis pada tahun 1945 dan ditujukan kepada Prof. J.B. Rhine dari Durham, AS, Carl Jung menggambarkan episode serupa:

> "I'm going to walk in the woods with a patient. She tells me the first dream of her life, a dream that left an indelible impression on her. He had a vision of a fox. He had dreamed of the animal as he walked down the stairs of her parents' house.
> At that moment, not even forty meters from us, a fox comes out of the trees and runs for a couple of minutes on the path ahead of us. The animal behaves as if it shared our human condition ... "

"Saya berjalan-jalan di hutan, menemani seorang wanita yang telah menjadi pasien saya. Wanita ini bercerita tentang mimpi pertama dalam hidupnya, karena mimpi ini meninggalkan kesan yang tak terhapuskan padanya. Dalam mimpi itu, wanita itu melihat seekor rubah, menuruni tangga rumah orang tuanya.

Pada saat itu, sekitar empat puluh meter di depan kami, seekor rubah muncul dari pepohonan dan berlari dengan tenang di jalan setapak di depan kami selama beberapa menit. Hewan itu berperilaku seolah-olah memiliki kondisi manusia yang sama dengan kita ..."

Kami perlu bertanya pada diri sendiri beberapa pertanyaan:

- Apakah "Cetonia aurata" ada di sana, siap mengenai kaca jendela, ketika wanita itu berbicara tentang scarab yang terlihat dalam mimpi?
- Apakah rubah ada di sana, siap untuk muncul di depan Jung dan pasiennya, sementara wanita itu menceritakan mimpinya?

Dalam kedua kasus tersebut, kisah tentang mimpi menghasilkan "sinkronisitas psikis" yang mengubah realitas fisik wanita dan Jung sendiri.

Jung dan pasiennya dalam perawatan pasti mengalami saat-saat yang menyedihkan. Mereka sangat tenggelam dalam narasi, dan konteks wawancara diperkuat oleh penderitaan mental pasien yang sebenarnya.

Situasi ini, dalam kasus-kasus yang diriwayatkan oleh Jung, telah menimbulkan "medan ketegangan" yang mampu memunculkan sinkronisitas.

Mengenai apakah rubah dan Cetonia benar-benar hadir di tempat kejadian pada waktu yang tepat, kita dapat mempertimbangkan teori yang sangat berani. Teori ini berpendapat bahwa, dalam kedua kasus, sinkronisitas memiliki kekuatan untuk memindahkan pemandangan ke alam semesta lain, memilihnya dari antara kemungkinan alam semesta yang tak terbatas. Alam semesta lain, tempat rubah dan Cetonia benar-benar hadir.

Sinkronisasi sebagai agen transformasi realitas.

Menurut Jung, sinkronisitas beroperasi melalui "konsep psikis primordial" atau "arketipe" yang ada di alam bawah sadar kolektif. Sebelumnya saya menulis bahwa alam bawah sadar kolektif Jung adalah cara lain untuk mendefinisikan "realitas psikis yang lebih tinggi", yang sejak zaman kuno disebut "Jiwa dunia". Di halaman-halaman ini kami juga menyebutnya "Pikiran Universal".

Untuk mendukung teori Jung, kita dapat melihat bagaimana semua "esensi" yang merujuk pada "Jiwa dunia" adalah pembawa transformasi. Setiap hubungan manusia dengan "Jiwa dunia", atau apapun Anda ingin menyebutnya, melibatkan perubahan pada tingkat psikis dan seringkali juga pada tingkat fisik..

Transformasi fisik. Doa dan kesembuhan.

Untuk menyajikan sebuah contoh, yang dapat dimengerti oleh semua, tentang transformasi pada tingkat fisik, saya dapat merujuk pada doa-doa yang ditujukan kepada para dewa untuk mendapatkan kesembuhan dari orang-orang yang sakit. Atau, doa cenderung memperoleh rahmat dari jenis lain, misalnya ekonomi atau sentimental, sering kali praktik ini memberikan hasil yang mengejutkan.

Setiap penyembuhan fisik dapat dianggap sebagai sinkronisitas yang muncul dari dua fakta yang tidak berhubungan dalam ruang dan waktu. Dua fakta tersebut adalah doa seseorang yang terletak di mana saja di ruang angkasa, dan kesembuhan orang lain yang sering berada di tempat lain di dunia Jelaslah bahwa penyembuhan fisik apa pun melibatkan peningkatan, yang seringkali penting, dalam kesehatan.

Menurut teori alam bawah sadar kolektif, kita dapat menganggap sinkronisitas sebagai "jembatan" antara keinginan yang diungkapkan oleh hati nurani individu dan tingkat yang lebih tinggi dari "Jiwa dunia", dari mana "rahmat" kemudian turun.

Jelas, bagi mereka yang mengidentifikasikan Jiwa dunia dengan "Tuhan", rahmat turun dari Tuhan.Namun, teologi mengajarkan kepada kita bahwa Tuhan, dalam intervensi-Nya, selalu lebih suka menggunakan cara-cara alami. Ini adalah pertanyaan tentang menggunakan kemungkinan yang sudah ada dalam ciptaan, tanpa menggunakan cara supernatural.

Dalam hal ini, kita membaca sebuah bagian yang diambil dari khotbah oleh pendeta Marco deFelice, berjudul "Tuhan melakukan hal-hal yang tidak mungkin" mengacu pada "Kisah Para Rasul". Komentar pendeta tentang pembebasan Petrus dari penjara, di mana dia dipenjarakan atas perintah Herodes:

> "Suddenly an angel of the Lord appeared and a light shone in the cell. He struck Peter on the side and woke him up. "Quick, get up!" he said, and the chains fell off Peter's wrists" (Acts, 12:7).
>
> One thing that strikes me about this passage is that the angel tells Peter to hurry. Although God is omnipotent, and can do anything, Peter had to hurry. Certainly, God could have made the guards fall asleep, or even die, giving Peter time to go out calmly. But usually God does not miraculously

do what can be done with the natural means that God has already provided".

"Dan lihatlah, seorang malaikat Tuhan datang dan sebuah cahaya bersinar di dalam sel. Malaikat itu menyentuh sisi tubuh Peter, membangunkannya dan berkata kepadanya:" Bangunlah cepat! ". Dan rantai itu jatuh dari tangan Peter." (Kisah 12,7).

Satu hal yang mengejutkan saya tentang karya ini. Malaikat itu menyuruh Peter bergegas. Tuhan itu Mahakuasa, dan dia bisa melakukan apa saja, tapi Peter harus cepat.
Tentu, Insya Allah dia bisa menidurkan para penjaga agar Peter bisa keluar dengan tenang. Tetapi biasanya, Tuhan tidak memberikan keajaiban ketika sesuatu dapat dilakukan dengan cara alami yang telah Tuhan sediakan. "

Bagaimanapun, ketika seseorang beralih ke iman untuk meminta kesembuhan, setiap pelayan iman menasihati orang tersebut untuk berkonsultasi dengan dokter yang baik terlebih dahulu.

Jelas, penyembuhan fisik bukanlah satu-satunya transformasi realitas fisik yang dihasilkan oleh peristiwa sinkronisitas. Seperti yang dijelaskan dalam banyak kasus sebelumnya, tidak ada batasan pada modifikasi alam semesta sensitif yang dimungkinkan oleh sinkronisitas. Di antaranya, kita tentu dapat memasukkan semua fenomena telekinesis, yaitu tata kelola mental materi padat.

"Keinginan" dan "niat".

Oleh karena itu, sinkronisitas sering kali merupakan bantuan untuk solusi positif kebutuhan manusia. Misalnya, sinkronisitas dapat memenuhi keinginan orang yang sakit untuk sembuh.

Kata yang lebih tepat untuk mengungkapkan konsep "keinginan" adalah "niat". "Niat" adalah konsep yang digunakan oleh Jung. Baru-baru ini, Deepak Chopra menggunakan konsep ini dalam bukunya.

Menurut Chopra, setiap aktivitas di alam semesta dihasilkan oleh niat. Dalam tradisi Veda, niat adalah "kekuatan alam" karena menjaga keseimbangan semua elemen dan kekuatan yang memungkinkan alam semesta berkembang.

Dalam empat belas "Upanisad" dari Weda, teks-teks agama dan filosofis India yang disusun dalam bahasa Sanskerta mulai dari abad ke-9 hingga ke-8 SM, dikatakan:

> "You are what your deep, driving desire is.
> As your desire is,
> so is your will.
> As your will is,
> so is your deed.
> As your deed is,
> so is your destiny".
> *(Brhadaranyaka Upanisad, IV, 4,5)*

"Anda adalah keinginan terdalam Anda.
Seperti keinginan Anda, begitu juga niat Anda.
Seperti niat Anda, begitu juga keinginan Anda.
Seperti keinginan Anda, begitu juga tindakan Anda.
Seperti tindakan Anda, begitu juga takdir Anda".
(Brhadaranyaka Upanisad, IV, 4,5)

Mengapa itu tidak selalu terjadi?

Banyak yang mencoba meneliti di laboratorium, dengan metode ilmiah, fenomena "sinkronisitas psikis" tetapi fenomena ini selalu terungkap menjadi sulit dipahami.

Konfirmasi laboratorium memprediksikan bahwa, dengan kondisi tertentu, fenomena terjadi secara biasa, yaitu dapat direproduksi berulang kali, dengan tingkat keberhasilan yang lebih tinggi daripada rata-rata statistik yang dapat diprediksi.

Gambar 15. Evaluasi statistik dari hasil dapat diperoleh dengan membalik koin. Dengan membalik koin beberapa kali, kedua sisi koin akan muncul dalam 50% kasus.

Saya mengusulkan sebuah contoh. Dan jika saya melempar koin ke udara, hasilnya bisa "naik atau turun". Jadi, saya melempar koin ke udara dan mencoba menebak hasilnya. Tentu saja, satu gulungan tidak cukup untuk menyusun statistik.

Jika saya melempar koin ke udara berkali-kali, katakanlah 10.000 kali, statistik memberi tahu saya berapa kali saya bisa menebak hasilnya. Secara statistik, saya bisa menebak 50% dari waktu, itu 5.000 kali.

Sebaliknya, jika saya dapat memprediksi hasilnya tepat 6.000 kali, saya berasumsi bahwa saya mungkin memiliki kemampuan psikis tertentu. Untuk alasan yang tidak bisa dijelaskan, saya tahu hasilnya sebelumnya. Saya mengenal mereka jauh di atas rata-rata statistik.

Jika saya melihat hasil lemparan koin 9.000 kali dari 10.000 kali, saya cukup yakin saya memiliki kekuatan khusus.

Katakanlah saya memprediksi hasil 10.000 kali dari 10.000. Dalam hal ini, setiap orang akan yakin bahwa saya memiliki kekuatan untuk memprediksi masa depan.

Tentu saja, para ilmuwan ortodoks akan mengatakan bahwa ada tangkapan, karena tidak ada kemungkinan untuk memprediksi masa depan dengan cara ini.

Keterlibatan emosional.

Alasan utama mengapa "sinkronisitas" tidak selalu terjadi adalah karena kurangnya prasyarat.

Kondisi ini disebut "keributan". Keterlibatan emosional dibutuhkan. Jung menyatakan bahwa komponen yang disebut "Zuneigung" dibutuhkan.

Episode "sinkronisitas" lebih memanifestasikan dirinya di saat-saat paling kritis dalam hidup kita. Biasanya, hati nurani kita mengendalikan situasi psikis kita. Bagian sadar dari jiwa kita tidak ingin "alam bawah sadar individu" kita mengendalikan keinginan kita.

Katakanlah, biasanya, kita tidak ingin terjun dalam kegelapan. Oleh karena itu, kesadaran kita menahan, atau menyaring, semua impuls dari "alam bawah sadar pribadi" dan "alam bawah sadar kolektif" kita. Biasanya impuls ini bersifat simbolis atau tidak rasional, dan hati nurani kita menolaknya.

Namun terkadang, ada saat-saat sulit dalam hidup. Pada kesempatan-kesempatan ini kami bingung, kami sering terkejut. Kesulitan-kesulitan ini melemahkan kemampuan untuk mengendalikan hati nurani kita. Ketika kejadian menjadi terlalu mendesak, kita cenderung menyerah pada takdir. Jung mencatat bahwa dalam kasus ini "pengaruh psikis" mengalahkan "alasan":

> "Each emotional state causes a modification of the conscience, modification which Pierre Janet defined as "abaissement due nivea mentale": which means that a certain shrinking of the subconscious takes place and at the same time a strenghtening of the conscience, as many profanes in the subject can easily note, especially in the presence of intense beloved ones. The tone of the subconscious increases to a certain measure, which easily provokes a gradient from the subconscious to the conscience. As a consequence, the conscience falls under the influence of impulses and instictive contained contents".

"Setiap keadaan emosi menyebabkan modifikasi kesadaran. Pierre Janet menyebut modifikasi ini "abaissement du niveau mental". Ini berarti ada penyempitan kesadaran tertentu, dan pada saat yang sama memperkuat ketidaksadaran. Setiap orang dapat mengenali bahwa ini terjadi, terutama dengan adanya "pengaruh" yang intens.
Akibatnya, kesadaran berada di bawah dominasi impuls naluriah bawah sadar".

Untuk mengkonfirmasi tesis ini, Carl Jung mengutip filsuf Albert the Great. Dalam karyanya "De mirabilibus mundi" Albert yang Agung mengacu pada "Naturalia". Dalam teks ini, filsuf Avicenna berpendapat bahwa "virtus" ada dalam jiwa manusia. Ini adalah properti untuk mengubah banyak hal.

Seluruh kepribadian tunduk pada properti ini, terutama bila kepribadian tersebut ditandai dengan cinta atau benci yang berlebihan.

"If, therefore, the soul of a man falls prey to a great excess of some passion, it can be established experimentally that it (the excess) magically constrains things and changes them in the direction towards which excess tends. [...] really the emotionality (affectio) of the human soul is the main root of all things.
This happens when, due to its emotional power, it modifies the things to which it tends. This also happens because the inferior things are subject to the soul, because of its dignity. So anyone can magically influence everything, if it falls prey to a great emotional excess. "

"Kadang-kadang, jiwa seseorang menjadi mangsa nafsu yang sangat berlebihan. Ketika ini terjadi, adalah mungkin untuk menetapkan secara eksperimental bahwa kelebihan "afekio" ini bekerja secara ajaib pada "benda". Peristiwa orang itu berubah ke arah kecenderungan yang berlebihan. [...] Emosionalitas, yaitu "afekio" jiwa manusia adalah akar utama dari segala sesuatu. Siapapun yang ingin mengetahui rahasia ini harus mengetahui sesuatu yang penting. Dia harus tahu bahwa siapa pun dapat mempengaruhi segala sesuatu hampir "secara ajaib", jika dia menjadi mangsa kelebihan emosional yang besar..."

Sinkronisasi terjadi bila ada keterlibatan emosional. Hal ini diperkuat dengan fakta bahwa fenomena ekstrasensori, seperti telepati, lebih sering terjadi di antara orang-orang yang terkait dengan pertemanan atau kekerabatan. Maksimum dicatat dalam hubungan antara ibu dan anak.

Teori sinyal lemah.

Sebelumnya, kami bertanya-tanya mengapa Lisa Gannan menerima firasat, sedangkan korban lainnya tidak. Kami menjawab bahwa, mungkin, yang lain juga telah menerima sinyal, tetapi tidak mengenalinya.

Dalam parapsikologi, referensi dibuat untuk "teori sinyal lemah". Mungkin tidak ada harmoni antara sumber sinyal dan "alat penerima psikis" kita.

Kita semua tahu bahwa dengan menyesuaikan penyetelan perangkat radio, kita dapat menerima stasiun penyiaran yang tidak dikenal. Hal yang sama terjadi dalam kesadaran kita. Kita dapat terhubung ke banyak "stasiun informasi" jika kita tahu cara menyetel panjang gelombangnya.

Bagian keempat. Medan gaya. Tingkat non-lokalitas. Kosmos psikis.

"I know not what I may seem to the world, but as to myself, I seem to have been only like a boy playing on the sea-shore and diverting myself in now and then finding a smoother pebble or a prettier shell than ordinary, whilst the great ocean of truth lay all undiscovered before me".
(Isaac Newton, Principia)

"Sejauh yang saya ketahui, saya merasa seperti seorang pria yang bermain di pantai. Dari waktu ke waktu saya menemukan batu atau cangkang lebih cantik dari biasanya. Sayangnya, saat ini terjadi, samudra kebenaran yang luas tetap tidak saya ketahui."
(Isaac Newton, Principia)

Materi, pikiran dan jiwa.

Setiap orang sadar hidup di dunia yang mengkondisikan keberadaannya. Setiap orang, cepat atau lambat, bertanya-tanya apa alasan kehadirannya di dunia ini.

Mengapa saya ada? Apa yang saya lakukan disini? Bagaimana saya berpartisipasi dalam permainan hebat, lucu atau tragis, kehidupan?

Tidak mudah untuk menjawab pertanyaan-pertanyaan ini. Kita bisa memilih titik awal. Satu metode terdiri dari konfigurasi tiga tingkat, di mana keberadaan kita berkembang. Selain level fisik yang kita ketahui, kita juga harus mengevaluasi level kuantum dan yang disebut level "non-lokal".

Tingkat keberadaan fisik.

Tingkat fisik adalah tingkat materi padat. Ini adalah tingkat tipikal dari pengalaman sehari-hari kita, yaitu tingkat dunia seperti yang kita lihat dan bagaimana kita mengalaminya dengan indra kita.

Pada tingkat fisik kita merasa aman, karena semua "benda" memiliki bobot dan dimensi, awal dan akhir, sebelum dan sesudah. Semua benda memiliki lokasi yang tepat dalam ruang dan waktu.

Semua fenomena yang terkait dengan pengalaman kita adalah bagian dari tingkat fisik. Misalnya siang dan malam, cuaca baik dan buruk, kelahiran dan kematian segala "hal", pergantian musim, sensasi fisik seperti lapar, haus, sakit dan senang.

Dunia fisik bersifat "mekanis". Di dunia fisik, semuanya bergantung pada hukum "determinisme". Segala sesuatu terjadi karena sebab dan menghasilkan akibat. Acara mengikuti satu sama lain.

Peristiwa yang dihasilkan memiliki perilaku yang dapat diprediksi dan diukur. Pada gilirannya, mereka menghasilkan peristiwa lain yang dapat diprediksi dan diukur.

Pada tahun 1977 Amerika Serikat meluncurkan dua pesawat "Voyager" untuk menjelajahi tata surya bagian luar. Pesawat ruang angkasa "Voyager 2" mampu mengamati Jupiter, Saturnus, Uranus, dan Neptunus.

Melewati setiap planet, wahana menerima dorongan dari gravitasi planet itu untuk melanjutkan perjalanannya ke planet berikutnya.

Ini karena, di bumi, para ilmuwan tahu persis bagaimana cara menghitung gaya gravitasi dari berbagai planet.

Dengan cara ini dimungkinkan untuk menghitung secara tepat gaya dorong yang diperlukan untuk melanjutkan perjalanan ke tujuan berikutnya.

Pada tahun 1950, ahli matematika Alan Turing menulis dalam bukunya "Computing Machinery and Intelligence":

"The displacement of a single electron by a billionth of a centimeter at a given moment, it could mean the difference between two very different events, such as the killing of a man a year after, due to an avalanche, or its salvation".

"Mari kita pertimbangkan bahwa, pada saat tertentu, satu elektron bergerak sepermiliar sentimeter. Ini bisa berarti perbedaan antara dua peristiwa yang sangat berbeda. Misalnya, tahun berikutnya bisa berarti kematian seorang pria karena longsoran salju. Atau, itu bisa berarti keselamatannya."

Bayangkan sebuah meja biliar, dengan serangkaian bola biliar yang disusun di atas karpet. (Lihat gbr 16). Pada level fisik kita sangat yakin bahwa tidak ada bola yang akan bergerak jika tidak didorong oleh benda padat lainnya.

Pada gambar, bola B akan tetap diam hingga dipukul oleh bola A. Dengan mengetahui kekuatan dan lintasan bola A, serta berat bola lainnya, kita dapat menghitung dengan presisi mutlak gaya yang akan digunakan bola B.

Kita akan mengetahui panjang dan arah jalurnya.

Perhitungan ini tidak membutuhkan komputer yang kuat. Setiap pemain biliar yang baik dapat melakukan perhitungan ini tanpa dukungan teknologi apa pun. Ini berarti bahwa kita secara sempurna beradaptasi dengan alam semesta fisik kita.

Pada tahun 1972, ahli etologi Edward Lorentz memberikan ceramah: "Jika kupu-kupu menggerakkan sayapnya di Brasil, dapatkah ia menyebabkan tornado di Texas?"

Dalam dunia ilmiah saat ini, di mana segala sesuatu dapat ditimbang, diukur, dan dihitung, jawabannya adalah "ya". Kami berasumsi bahwa alam semesta kita hanya terbuat dari materi, dan ditempatkan dalam dimensi di mana waktu hanya mengalir ke depan. Oleh karena itu, kami dapat menghitung kekuatan tornado Texas jika kami memiliki komputer yang cukup kuat.

Tingkat kuantum.

Pada tingkat ini tidak ada "benda" yang memiliki substansi yang tampak, yaitu realitas tidak dapat dirasakan oleh panca indera. Dengan sentuhan kita, kita tidak bisa menyentuh realitas level kuantum. Demikian pula, kita tidak dapat "menguji" konsistensinya. Demikian pula kita tidak dapat melihat, mencium atau merasakan kenyataan ini.

Lebih jauh lagi, dunia kuantum memiliki "ruang non-fisik" yang berisi semua bagian non-materi dari diri kita sendiri. Ini adalah bagian yang terkait dengan pikiran kita, harapan kita, keinginan kita. Pada dasarnya, ini semua yang membentuk "Ego" dan "Diri" kita. (Lihat gbr 17)

Ego mewakili diri kita sendiri dalam hubungan dengan diri kita sendiri. Diri mewakili diri kita sendiri dalam hubungannya dengan semua realitas yang mengelilingi kita. "Diri" saya terdiri dari sekumpulan elemen yang kita rujuk untuk menggambarkan siapa kita.

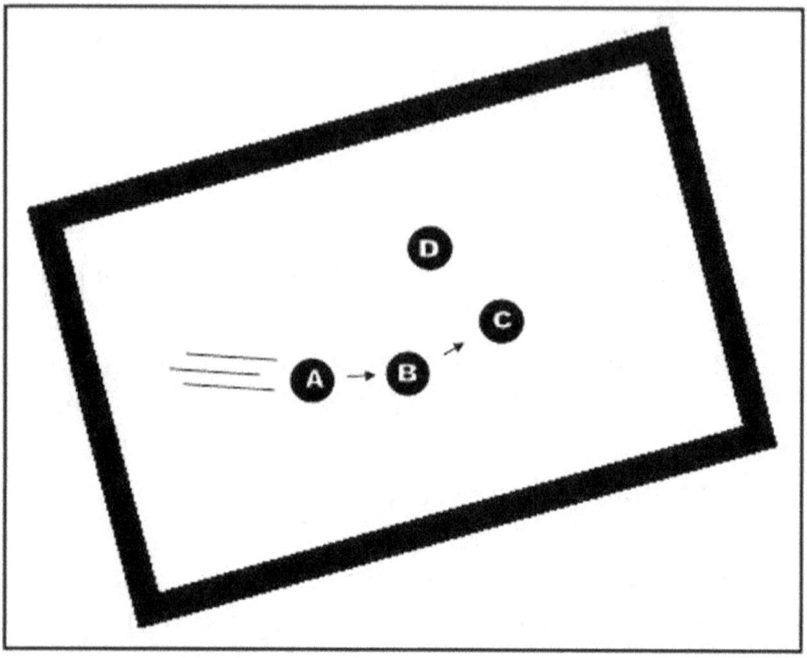

Angka 16. Dalam meja biliar, tidak ada bola yang bergerak kecuali diberikan gaya. Ketika ini terjadi, kekuatan dan arahnya sebanding dengan daya dorong yang diterimanya.

Gambar 17. Ego mewakili lingkup pribadi kita yang ketat. Ego diputarbalikkan ke dalam. Diri, menghadap ke luar, mewakili keseluruhan diri kita, dalam hubungannya dengan alam semesta yang mengelilingi kita.

Gambar 18. Setiap sistem, dari yang terbesar hingga terkecil, terdiri dari subsistem. Dalam fisika partikel, yaitu, dalam ukuran yang sangat kecil, sains tidak yakin bahwa ia telah mencapai tingkat pembagian akhir.

Meskipun demikian, kami tidak meragukan keberadaan mereka. Namun materi padat tidak bisa "menjadi" jika tidak digerakkan oleh energi dan informasi yang terkandung di tingkat kuantum.

Faktanya, materi itu sendiri adalah energi, menurut persamaan Einstein $E = mc^2$.

Persamaan ini menunjukkan bahwa energi sama dengan massa dikalikan dengan kuadrat kecepatan cahaya.

Secara timbal balik kita dapat mengatakan bahwa, sebagaimana energi adalah massa, massa adalah energi. Sebenarnya, semua materi di alam semesta berasal dari "Big Bang" awal, ledakan energi yang hebat.

Karena kita melihat massa tetapi tidak melihat energi, kita terbiasa percaya bahwa massa lebih penting. Sebenarnya, alam semesta yang terdiri dari massa saja tidak dapat berfungsi, karena massa itu sendiri adalah inert.

Seperti yang telah kita lihat dalam contoh biliar, massa (bola) hanya dapat bergerak jika menerima energi dorongan.

Pada saat yang sama, kita dapat mengatakan bahwa energi membutuhkan massa untuk mengekspresikan dirinya sendiri. Energi membutuhkan kolaborasi materi padat untuk mewujudkan potensinya.

Alam semesta berkisar dari yang sangat besar hingga yang sangat kecil. Dunia sensitif kita terdiri dari materi yang berkumpul menjadi "benda" yang sangat kecil atau sangat besar. Setiap "objek" mewakili sistem kompleks, yang terdiri dari subsistem, yaitu "objek" yang lebih kecil. (Lihat gbr 18).

- Alam semesta adalah sistem yang terdiri dari subsistem, galaksi.
- Galaksi terdiri dari bintang dan planet.
- Planet terdiri dari batuan, air, mineral, dan makhluk hidup.
- Makhluk hidup tersusun atas organ (kulit, tulang, isi perut, dll).
- Organ terbuat dari sel.
- Sel terbuat dari molekul.
- Molekul terbuat dari atom.
- Atom terdiri dari proton, neutron, dan elektron.

Ilmu positivis menyatakan bahwa materi, apa pun tingkat agregasinya, tunduk pada hukum fisika. Berbagai bagian materi dapat berkomunikasi satu sama lain menggunakan perantara fisik yang mengirimkan energi dan informasi. Kekuatan alat transmisi ini melemah dengan bertambahnya jarak. Selanjutnya, materi padat tunduk pada perjalanan waktu, yang hanya bergerak maju.

Saat benda padat bergerak, ia tidak bisa melebihi kecepatan cahaya. Bahkan informasi yang disebarkan melalui mediator fisik tidak dapat melebihi kecepatan tersebut.

Jika sebuah sel mengirimkan informasi ke sel lain, informasi ini akan membutuhkan waktu untuk mencapai tujuannya. Kecepatannya tidak bisa melebihi batas 300.000 km per detik.

Dalam kasus benda yang lebih kecil dari atom, dimulai dengan elektron, banyak hal berubah.

Dengan memecah atom kita menemukan "partikel dasar". Untuk saat ini kita mengenal dua jenis.

- "partikel-materi", yaitu "fermion". Ini adalah kuark, elektron, dan neutrino. Semuanya dilengkapi dengan massa.
- "Partikel gaya", yaitu boson. Partikel-partikel ini adalah pembawa gaya fundamental yang ada di alam.

Kita dapat membagi boson menjadi dua kelompok:

- Foton dan gluon, yang tidak bermassa.
- Boson W dan Z, yang memiliki massa.

Pada tingkat partikel elementer, semua hukum fisika yang mengatur materi padat tidak valid.

Pada tingkat ini kita dapat menyaksikan perilaku yang sangat aneh, seperti yang akan kita lihat ketika kita berbicara tentang fenomena yang disebut "keterjeratan kuantum".

Memang, bahkan tidak mungkin untuk menetapkan apakah partikel elementer benar-benar "partikel", atau bukan "getaran".

Sebagai contoh, mari kita bayangkan melempar batu ke dalam air kolam. Batu itu mirip dengan partikel. Riak yang terbentuk di air adalah gelombang, yaitu "getaran". Cahaya, suara, dan musik juga merupakan contoh gelombang getar.

Kesimpulannya sederhana: buku yang Anda baca terasa kokoh dan konsisten di tangan Anda. Sungguh, Anda melihatnya dengan mata Anda, yang dirancang untuk melihat realitas dunia fisik makroskopik.

Sebaliknya, jika mata Anda difungsikan untuk melihat dunia kuantum, buku itu akan tampak seperti jalinan getaran. Setiap huruf tidak akan muat pada tempatnya di

Gambar 19. Partikel-partikel dasar menari mengikuti suara instrumen yang tidak dapat dipahami telinga kita.

halaman, tetapi bisa dalam posisi probabilistik yang tak terbatas. Buku ini akan menjadi "ketiadaan" yang menari di alam semesta yang terbuat dari getaran. Anda mungkin tidak akan mengerti bahwa ini adalah sebuah buku.

Seperti yang Nietsche nyatakan, "Mereka yang menari dianggap gila oleh mereka yang tidak bisa mendengarkan musik." Sayangnya, telinga kita tidak dibuat untuk melihat musik yang membuat partikel menari. (Lihat gbr 19).

Dunia pada level kuantum tidak terdiri dari objek. Realitas kuantum terdiri dari informasi dan energi.

Untungnya, untuk kebutuhan kelangsungan hidup kita, mata kita melihat kenyataan di tingkat fisik dan bukan di tingkat kuantum. Ini tidak berarti bahwa realitas kuantum tidak ada. Tidak hanya disitu saja, tetapi keberadaannya memiliki efek yang luar biasa bagi kita.

Kita sendiri terbuat dari partikel elementer. Kami adalah campuran energi dan informasi.

Di level kuantum tidak ada batasan ruang dan waktu. Kami adalah getaran dan kami menari bersama dengan getaran seluruh alam semesta. Energi kita berbagi, dan dibagi, oleh semua energi alam semesta.

Secara khusus, energi kita berpartisipasi dalam "niat" energi yang bergetar di sekitar kita. Berapa kali kita merasa tidak nyaman dalam suatu situasi, tanpa mengetahui alasannya? Mungkin kemudian kami mengetahui bahwa orang lain yang hadir di tempat itu terbagi oleh perasaan benci.

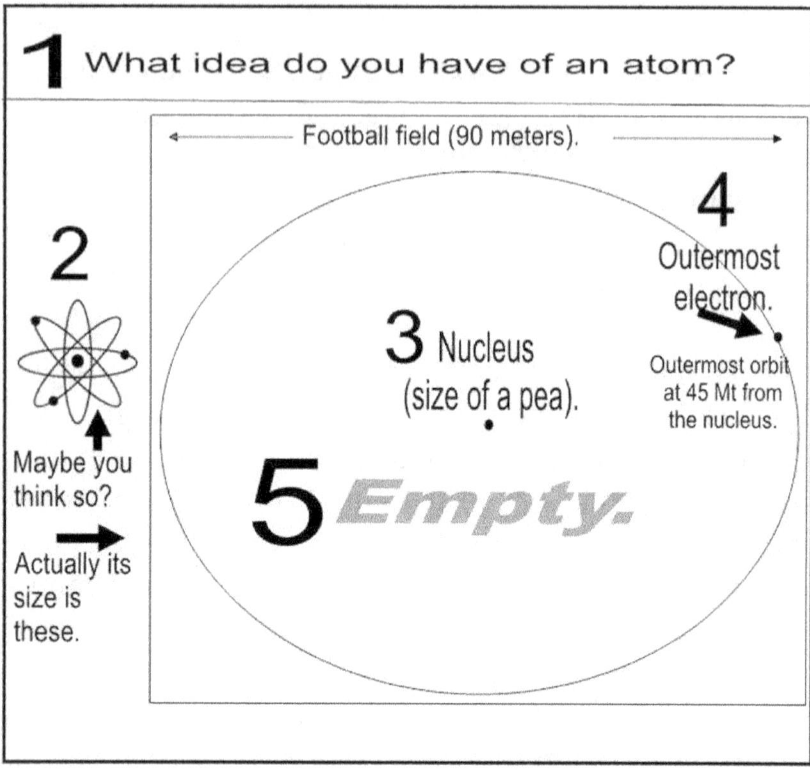

1 What idea do you have of an atom?
2
Maybe you think so?
Actually its size is these.
Football field (90 meters).
3 Nucleus (size of a pea).
4 Outermost electron.
Outermost orbit at 45 Mt from the nucleus.
5 Empty.

Gambar 20. Bayangkan inti atom seukuran kacang. Mari tempatkan inti di tengah lapangan sepak bola. Elektron terluar dari atom akan berputar di orbit yang terletak di tepi medan. Itu akan jauh lebih kecil dari setitik debu. Di antara elektron dan inti, ada ruang yang sangat luas yang terbuat dari "ruang hampa".

1 - Bagaimana menurut Anda itu adalah atom?

2 - Mungkin Anda melihatnya dalam bentuk kelereng yang berputar mengelilingi inti. Representasi ini salah.

3 - Bayangkan sebuah ruangan seukuran lapangan sepak bola Inti atom, seukuran kacang, berada di tengah lapangan.

4 - Elektron terluar berputar pada batas ekstrim medan.

5 - Yang lainnya... "KOSONG".

Jika terkadang, dalam sebuah pertemuan, kita memiliki perasaan seperti "ketegangannya sangat tinggi", ini terjadi karena informasi "medan negatif" yang kita masuki memengaruhi "bidang kesadaran individu" kita.

Pada tingkat kuantum, getaran kita bergabung dengan realitas di sekitarnya. Untuk memahami bagaimana mereka melakukannya, mari kita coba membayangkan sebuah atom. Ingatlah bahwa kita sepenuhnya terbuat dari atom.

Ide apa yang Anda miliki tentang ukuran sebuah atom? Tentu Anda tahu itu sangat kecil, tetapi apakah Anda membayangkannya juga sangat kosong, seperti yang dijelaskan pada gambar 20?

Mari kita bayangkan atom dengan inti yang jauh lebih besar dari kenyataan. Atom imajiner kita adalah seukuran kacang. Mari kita letakkan atom di tengah lapangan sepak bola yang, seperti diketahui, berukuran panjang 90 meter.

Atom kita dapat memiliki jumlah elektron rata-rata, katakanlah 10.

Nah, elektron terluar dari atom kita akan berputar di tepi medan dan akan jauh lebih kecil dari setitik debu. Sembilan elektron lainnya, seperti butiran berdebu lainnya, akan berputar di posisi lain. Di ruang fisik atom itu, seukuran lapangan sepak bola, semua materi akan terdiri dari kacang dan sepuluh butir debu. Segala sesuatu yang lain akan menjadi sangat ... KOSONG. Semua atom seperti itu. Tetap saja, mereka tampak kokoh bagi kami.

Dengan mempertimbangkan hal ini, kita dapat memahami apa yang terjadi jika kita menyentuh benda padat. Kesan kami adalah bahwa objek tersebut memiliki

Non-Local
2
Collective unconscious
Universal Mind
Soul of the World
1
3
INTENTION.
Emotions.
Wishes.
Needs.
Synchronicity

Gambar 21. Tingkat non-lokal dapat didefinisikan dengan berbagai cara, tergantung pada studi dan budaya. Tingkat ini berisi semua energi dan semua informasi alam semesta. Kami sendiri turut serta membentuk informasi yang ada di tingkat non lokal.

1. Niat dan emosi setiap makhluk biologis bertemu dalam "alam bawah sadar kolektif".

2 Dalam "alam bawah sadar kolektif" semua pengalaman umat manusia menemukan tempatnya.

3 Pengalaman kemanusiaan, yang dibayangkan dalam bentuk "elemen psikis primordial", atau "arketipe, mengalir ke alam bawah sadar individu dalam bentuk" sinkronisitas psikis "kekerasan" yang lebih besar atau lebih kecil, yaitu menolak dorongan sentuhan kami.

Sebaliknya, ini hanya perasaan kita. Faktanya, atom tubuh kita dan atom benda bercampur. Dengan cara yang sama, dua awan yang bertabrakan di langit bisa bercampur, atau dua kepulan asap yang keluar dari dua cerobong asap di dekatnya.

Campuran tersebut menghasilkan penyatuan dan pertukaran. Getaran dan informasi atom tubuh kita menyebar ke tubuh benda yang kita sentuh, begitu pula sebaliknya.

Di tingkat kuantum ada pertukaran informasi dan energi yang terus menerus antara kita dan benda-benda di sekitar kita.

Pada tingkat kuantum, tidak ada lagi individualitas. Semuanya "satu", dan semuanya berbagi "keseluruhan".

Tingkat non-lokal.

Tingkat keberadaan ketiga adalah alam non-lokal. Tidak ada waktu maupun ruang pada level ini. Tingkat ini disebut non-lokal karena tidak dapat ditempatkan di mana pun.

Itu tidak ada di surga atau di bumi: itu tidak ada di dalam kita dan tidak di luar kita. Itu hanya "ada dalam dirinya sendiri".

Gambar 22. Di tingkat non-lokal tidak ada batasan ruang atau waktu. Realitas tidak terikat oleh "hukum kausalitas" yang mendominasi tataran fisik.

Ini adalah dunia maya yang dapat kita bandingkan dengan "alam bawah sadar kolektif" Jung. Di tingkat "non-lokal" semua informasi dan energi yang membentuk alam semesta hidup.

Tingkat ini adalah "bidang" dari potensi murni. Itu adalah tempat yang mengatur seluruh alam semesta, karena ia mengetahui seluruh alam semesta. (Lihat gbr 21). Tidak ada informasi atau kekuatan di alam semesta yang tidak berbasis di alam "non-lokal".

Oleh karena itu, level "non-lokal" berisi "proyek" dan semua kecerdasan alam semesta. Tingkat "non-lokal" mengatur dan mengatur seluruh alam semesta, menciptakan dan mendistribusikan energi yang membentuk dunia fisik.

Bagaimana kami berpartisipasi dalam proyek ini?

Energi, medan gaya, getaran yang menyusun kita merupakan bagian integral dari tingkat "non-lokalitas".

Mereka berpartisipasi dalam penciptaan dan distribusi energi alam semesta. Kami bukan subjek, tetapi pembangun realitas non-lokal.

Pada realitas non-lokal kita tidak bisa melakukan banyak observasi. Mungkin berguna untuk menyebut Larry Dossey, seorang sarjana yang telah menerbitkan beberapa buku tentang subjek tersebut.

Menurut Dr. Dossey, tingkat non-lokalitas dapat didefinisikan dengan tiga karakteristik.

Pertama-tama, peristiwa-peristiwa yang terjadi secara "non-lokal" tidak dipengaruhi oleh ketiga unsur tersebut.

Ini berarti bahwa mereka tidak terkait dengan kausalitas, tetapi setiap peristiwa tidak tergantung pada yang lain. Namun, peristiwa dapat terhubung dan berkoordinasi satu sama lain, seperti peristiwa yang merupakan bagian dari sinkronisitas.

Lebih jauh, kejadian-kejadian itu tidak "dilemahkan" dan "langsung". Berlawanan dengan apa yang terjadi pada tingkat fisik, kekuatan peristiwa tetap sama (tidak berkurang) pada jarak berapa pun. Kekuatan tidak berkurang karena pengaruh ruang atau pengaruh waktu.

Kita bisa membayangkan percakapan antara dua orang. Satu orang hidup ribuan tahun yang lalu di Afrika. Orang lain tinggal hari ini di Kutub Utara.

Wawancara berlangsung seolah-olah mereka berdua bertetangga dalam ruang dan waktu .. Mereka berbicara dengan tenang satu sama lain. Suara itu tidak boleh berjalan di luar angkasa. Semuanya terjadi dalam kekekalan "sekarang, bersama". (Lihat gbr 22).

Bagaimana semua ini bisa bermanfaat bagi kita? Tentunya dapat membantu kita untuk memahami banyak fenomena itu, seperti persepsi ekstrasensori. Fenomena ini dinilai tidak mungkin oleh ilmu materialistik. Namun fenomena ini mungkin terjadi di tingkat kuantum. Mereka bahkan lebih mungkin dilakukan di tingkat non-lokal.

Bidang kekuatan.

"Sinkronisasi" Jung didasarkan pada peristiwa yang tidak memiliki hubungan sebab akibat satu sama lain. Setiap peristiwa yang membentuk "sinkronisitas" tidak memiliki hubungan sebab akibat dengan yang lain. Satu-satunya hal yang menyatukan peristiwa-peristiwa ini adalah "makna" yang mereka asumsikan bagi pengamat.

Akibatnya, sinkronisitas berada di luar ranah sains modern. Padahal, saat ini ilmu pengetahuan hanya membahas peristiwa-peristiwa yang memiliki hubungan antara keduanya, yaitu berdasarkan prinsip sebab/akibat.

Meskipun ilmuwan lain telah menyarankan kemungkinan adanya bentuk hubungan lain di alam semesta, selain yang didasarkan pada kausalitas, ide-ide mereka telah ditolak sebagai pseudo-ilmiah dan tidak dipertimbangkan.

Sebelum munculnya apa yang disebut era "Âge des Lumières", konsep afinitas, harmoni, dan simpati sangat penting, yang berguna untuk menghubungkan bagian-bagian realitas dengan ikatan non-fisik.

Dengan munculnya "Âge des Lumières" hubungan ini benar-benar diabaikan, sampai disadari bahwa ikatan dan kekuatan tak terlihat benar-benar ada.

Penemuan yang paling penting adalah daya tarik yang diberikan oleh gaya gravitasi. Sebagai konsekuensi dari anekdot terkenal tentang apel yang jatuh di kepalanya, Newton menguraikan tiga hukum dinamika.

Menurut hukum pertama, sebuah benda tetap diam atau bergerak dengan cara bujursangkar, sampai sebuah gaya campur tangan yang mengubah lintasannya. Gaya ini adalah gravitasi. Misalnya, bulan akan hilang di luar angkasa jika tidak ditahan di orbitnya oleh gaya gravitasi yang diberikan oleh bumi. Hal yang sama akan terjadi pada bumi, jika tidak terkena pengaruh gravitasi matahari.

Setelah gravitasi, giliran magnetisme, yaitu gaya yang menyatakan tarik-menarik atau tolak-menolak antara dua benda yang diberkahi dengan muatan listrik tertentu.

Teori ini dikembangkan oleh Michael Faraday yang mengusulkan adanya "garis gaya" antara magnet dan logam yang tertarik. Saat itulah James Clerk Maxwell, dengan persamaannya, yang membuktikan bahwa listrik, magnet, dan cahaya adalah manifestasi dari fenomena yang sama: medan elektromagnetik.

Sejak saat itu, konsep medan menjadi semakin umum digunakan dalam fisika. Kita harus menunjukkan, bagaimanapun, bahwa konsep ini tidak hanya digunakan dalam fisika.

Konsep lapangan dapat diperluas ke banyak hubungan lain bahkan di luar fisika, seperti yang diilustrasikan pada Gambar 23. Untuk memulainya, istilah ini selalu menunjukkan sebidang tanah yang digarap, dalam arti bahwa ladang adalah tempat di mana tindakan petani terjadi.

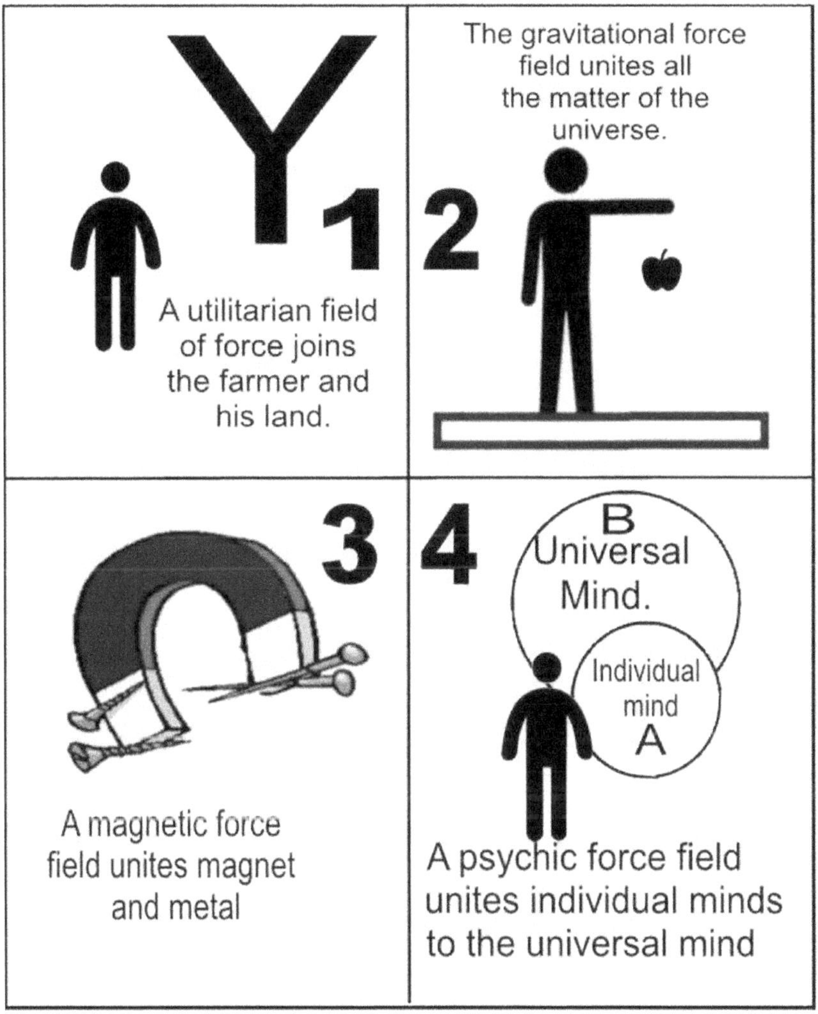

Y
1
A utilitarian field of force joins the farmer and his land.
The gravitational force field unites all the matter of the universe.
2
3
A magnetic force field unites magnet and metal
4
B
Universal Mind.
Individual mind
A
A psychic force field unites individual minds to the universal mind

Gambar 23. Representasi berbagai bentuk konsep medan gaya.

1 Medan gaya utilitarian menyatukan petani dengan tanahnya.

2 Medan gaya gravitasi menyatukan semua materi di alam semesta.

3 Medan magnet menghubungkan paku ke magnet.

4 Medan kekuatan psikis menyatukan pikiran setiap individu dengan pikiran universal.

Kita dapat menerima, untuk konsep medan, definisi ini: "tempat di mana tindakan siapa pun yang bertindak dilakukan". Kemudian kita dapat menyimpulkan bahwa "subjek" yang bertindak dapat berupa apa saja, misalnya petani, atau prinsip fisik seperti gravitasi atau magnet. Ini juga bisa menjadi prinsip psikis seperti sinkronisitas.

Medan kekuatan "utilitarian" tercipta antara petani dan tanahnya. Kami tidak melihatnya, tetapi kami menyadari bahwa itu ada dengan melihat buah dari panen.

Medan gaya gravitasi dibuat antara bumi dan bulan. Kami tidak melihatnya, tetapi kami menyadari bahwa itu ada karena bulan tidak melarikan diri ke kosmos tetapi terus berputar mengelilingi bumi.

Medan gaya magnet dibuat antara magnet dan sepotong logam. Kami tidak melihatnya, tetapi kami menyadari bahwa itu ada karena logam tertarik pada magnet.

Medan kekuatan psikis diciptakan antara kesadaran individu dan kesadaran universal. Kami tidak melihatnya, tetapi kami menyadari bahwa itu ada karena fenomena yang tidak dapat dijelaskan terjadi dengan hukum fisika yang dikenal saat ini.

Dalam psikoterapi Jung istilah "bidang pola dasar" sering digunakan. Perbedaan antara bidang psikis dan fisik adalah bahwa bidang fisik dapat didefinisikan dengan baik dan dapat ditempatkan di ruang angkasa dan diberkahi dengan energi mereka sendiri.

Selanjutnya, medan fisik mengirimkan sinyal yang, bergerak dan membawa informasi, tidak dapat melebihi kecepatan cahaya.

Sebaliknya, medan kekuatan psikis bersifat non-lokal. Bidang-bidang ini tidak dapat ditempatkan secara tepat dalam ruang dan waktu,

Bidang psikis mengirimkan informasi yang tidak memiliki batasan kecepatan atau waktu. Bidang-bidang ini hadir secara bersamaan dalam ruang dan waktu. Seperti yang akan kita lihat nanti, mereka memiliki sifat kuantum.

Gunung kutukan.

Ketika orang Israel, dipimpin oleh Yosua, memasuki Tanah Perjanjian, mereka memulai penaklukan mereka dengan mengepung dan menghancurkan semua kota penduduk setempat.

Setelah mencapai kota Ai, Joshua berpikir bahwa kota itu terlalu kecil untuk menggunakan seluruh tentara, dan memutuskan untuk mengirim beberapa tentara. Tetapi penduduk Ai keluar dari tembok dan membunuh mereka.

Dalam keputusasaan, Joshua mencari bantuan dari Tuhannya, Jawe. Dewanya mengatakan kepadanya bahwa kekalahan itu diakibatkan oleh ketidaksetiaan orang Israel. Tapi kemudian dia menghiburnya dan menyarankan strategi yang tepat untuk menaklukkan kota Ai.

Semua pasukan Yosua mendekati tembok, menyembunyikan diri. Sementara itu, sekelompok kecil tentara melancarkan serangan. Penduduk Ai meninggalkan kota dan mengejar para prajurit itu ke wilayah gurun sekitarnya, berencana untuk mengulangi kesuksesan mereka sebelumnya.

Ini memungkinkan pasukan lain yang tetap tersembunyi untuk masuk dan menaklukkan kota yang tak berdaya.

Kemenangan itu membuat Yosua mengerti bahwa pembangkangan apa pun akan menyebabkan kekalahan bagi umatnya, dan mengingatkannya akan apa yang telah ditetapkan Jaweh melalui mulut Musa:

> "When the Lord your God has brought you into the land you are entering to possess, you are to proclaim on Mount Gerizim the blessings, and on Mount Ebal the curses." (*Deuteronomy 11:29*)

> *"Ketika Tuhan, Allahmu, telah membawamu ke negeri yang akan kamu taklukkan, kamu akan meneriakkan berkat di Gunung Gerizim, dan kamu akan meneriakkan kutukan di Gunung Ebal." (Ulangan 11:29).*

Dua gunung Garizim dan Ebal terletak saling berhadapan, di lembah Sichem, sekarang dikenal sebagai lembah Nablus. Gunung Garizim, yang tingginya mencapai 881 meter, saat ini dikenal sebagai Jebel at-Tur.

Gunung Ebal lebih tinggi, 940 meter, dan sesuai dengan Jebel Eslamiyeh saat ini.

Maka, dalam ketaatan kepada Jaweh, Joshua menyelenggarakan upacara yang epik dan megah. Semua orang dari enam suku Israel, Ruben, Gad, Asyer, Zebulon Dan, dan Naftali pergi ke Gunung Ebal untuk mengumumkan kutukan. Orang-orang dari enam suku lainnya pergi ke Gunung Gerizim untuk mengumumkan berkat.

Semua orang yang, sejak saat itu, menuruti hukum Allah, akan diberkati. Akibatnya, mereka yang tidak melakukannya harus dikutuk.

Tabut Perjanjian dan para imam Lewi berdiri di tengah, di lembah.

Ketika mereka meneriakkan berkat, suku-suku yang berdiri di Gunung Gerizim menanggapi dengan teriakan yang turun dengan kuat ke lembah: “Amin! Amin!"

Begitu pula suku-suku di Gunung Ebal ketika kutukan diumumkan. Dengan ritus ini orang Israel ingin membangun konteks berkat dan kutukan di mana semua alam, dari lembah hingga puncak gunung, terlibat. Efek dari ritus itu akan diabadikan dari waktu ke waktu selama pegunungan itu sendiri tetap di sana untuk menyaksikannya.

Kita bisa membayangkan kemegahan acara ini, dengan puluhan ribu orang berkumpul di dua gunung tersebut. Memang, partisipasi emosional dari begitu banyak umat manusia harus menciptakan "medan kekuatan" yang harus dibangun dalam dimensi yang bahkan lebih tinggi daripada hukum tertulis, kekuatan abadi, tidak dapat dihancurkan dan tidak dapat diubah lagi.

Ritual mandi di sungai Gangga.

Itu bukan satu-satunya saat di mana medan kekuatan, yang umumnya menguntungkan umat manusia, diciptakan oleh partisipasi manusia.

Mitologi India mengatakan bahwa Gangga (maka nama sungai Gangga), putri raja gunung Himavan, memiliki kekuatan untuk membuat semua yang disentuhnya menjadi murni.

Oleh karena itu, menurut umat Hindu, Sungai Gangga adalah suci. Mereka percaya bahwa setidaknya sekali dalam hidup seseorang harus mandi di sungai Gangga.

Banyak keluarga Hindu menyimpan sebotol air Gangga Suci di rumah. Semua orang percaya bahwa air ini dapat membersihkan jiwa seseorang dari segala dosa, dan juga dapat menyembuhkan orang sakit.

Setiap enam tahun, umat Hindu berkumpul di pertemuan Sungai Gangga dengan dua sungai lainnya, Yumana dan Saraswati, untuk merayakan hari raya Ardh Kumbh Mela, di akhir upacara Shahi Snan, atau mandi penyucian. tempat.

Upacara yang penuh dengan kesedihan. Ribuan umat Hindu membenamkan diri di sungai untuk mandi yang menyembuhkan jiwa. Air yang mengalir diresapi dengan iman mereka dan bergema sebagai kekuatan penyembuhan pada seluruh ciptaan.

Terbukti bagaimana upacara ini juga memancing emosi dengan intensitas yang tak terukur kepada orang-orang yang tidak percaya yang mengamatinya. Tentunya, semua peserta terlibat dalam medan kekuatan mistik yang kuat.

Puluhan juta orang, beberapa menderita penyakit menular, dan bahkan mayat manusia dan hewan, menyentuh perairan Sungai Gangga. Kabarnya, yang mengejutkan, tidak ada yang pernah tertular penyakit karena basah atau minum air itu.

Kita dapat menemukan medan mistik yang serupa dari kekuatan penyembuhan di banyak sumber air lainnya, seperti di tempat suci Lourdes, di Prancis.

Medan paksa dan arketipe.

Menurut Jung, arketipe mewakili ide-ide bawaan dan yang telah ditentukan dari alam bawah sadar manusia. Mereka berada dalam ketidaksadaran kolektif, dan merupakan pusat energi psikis yang nyata.

Mereka secara spontan terwujud dalam pikiran individu, terutama pada saat-saat penderitaan akibat krisis atau transformasi.

Episode sinkronisitas terjadi berkat hubungan yang terjalin antara apa yang dikumpulkan oleh jiwa seseorang dari ketidaksadaran kolektif dan apa yang dia alami di dunia luar.

Sementara menjadi bawaan dan berisi semua sejarah dan pengalaman manusia, arketipe diperkuat saat spesies manusia berevolusi.

Semakin banyak medan kekuatan yang dihasilkan oleh jiwa manusia, semakin "arketipe" dikonsolidasikan dalam ketidaksadaran kolektif.

Dalam pengertian ini kita dapat mengatakan bahwa keinginan manusia dibentuk oleh pikiran universal yang kita definisikan sebagai ketidaksadaran kolektif. Pada gilirannya, pikiran universal dibentuk oleh medan kekuatan yang dihasilkan oleh keinginan dan harapan, yaitu oleh niat manusia. Sinkronisitas bekerja di kedua arah.

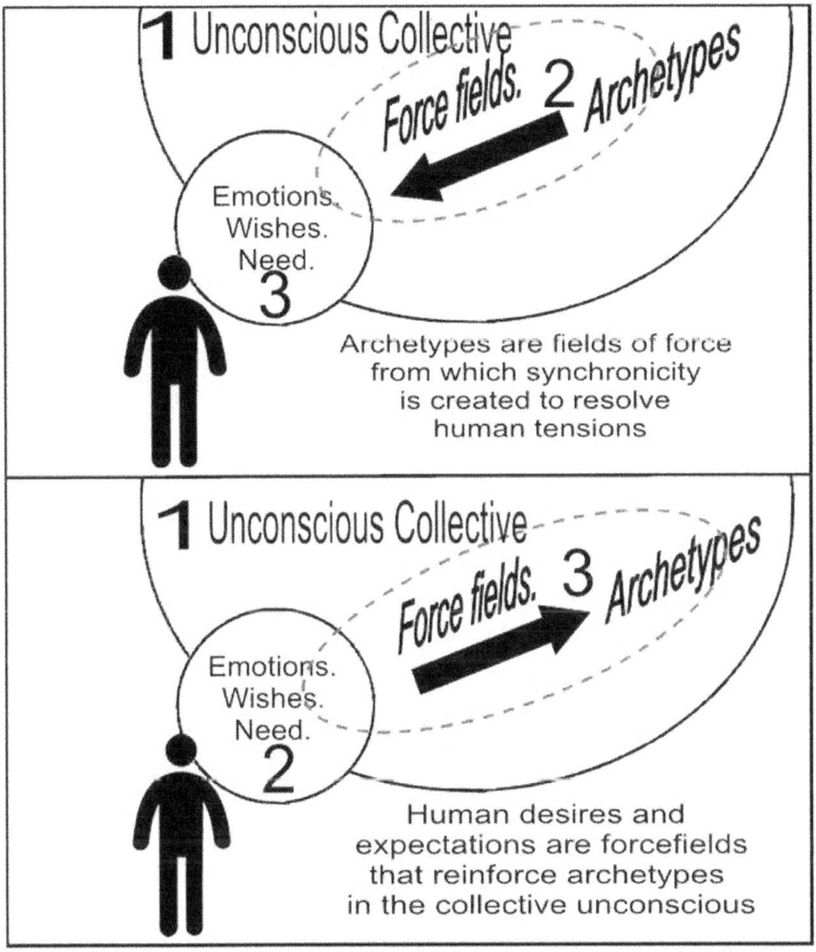

Gambar 24. Saling menguatkan antara niat yang muncul ke arah non-lokal dan sinkronisitas yang turun darinya.
1 Alam bawah sadar kolektif adalah tempat pertemuan antara individu dan kosmos terjadi.
Arketipe mengalir dari alam bawah sadar kolektif ke kesadaran individu.
Keinginan, pengalaman, dan emosi individu memperkuat alam bawah sadar kolektif.

Bidang mental.

Rupert Sheldrake adalah seorang ahli biologi dan penulis esai Inggris yang terkenal karena teorinya tentang bidang morfik atau bidang bentuk. Karakteristik bidang ini adalah bahwa mereka tidak memiliki referensi ke fisika klasik, yaitu, mereka tidak mekanistik, tetapi diatur oleh hukum yang tidak diketahui. Dalam bukunya The Extended Mind dia berkata:

> "Saat saya melakukan penelitian tentang pengembangan tanaman di Universitas Cambridge, saya sampai pada kesimpulan bahwa organisme hidup diatur melalui bidang.
>
> Bagaimana tumbuhan tumbuh dari embrio sederhana yang terkandung dalam biji menjadi gardenia, sequoia atau bambu? Bagaimana daun, bunga, dan buah memiliki bentuk khasnya sendiri?
>
> Jawaban yang naif adalah mengatakan bahwa segala sesuatu diprogram secara genetik. Entah bagaimana setiap tumbuhan atau hewan yang sedang berkembang mengikuti instruksi yang terkandung dalam gennya.
>
> Masalah dengan teori ini adalah bahwa kita sebenarnya tahu apa yang dilakukan gen: mereka mengkodekan asam amino yang membentuk molekul protein.
>
> Gen memungkinkan sel memproduksi protein yang tepat pada waktu yang tepat, seiring dengan perkembangan tubuh. Tetapi memiliki protein

yang tepat tidak menjelaskan bentuk bunga atau struktur tikus. Mengapa struktur itu berkembang seperti itu? Tidak ada yang tahu. Ini adalah salah satu masalah utama yang belum terpecahkan dalam biologi.

Selama empat puluh tahun terakhir, upaya besar telah dilakukan untuk mempelajari gen dan mengendalikan aktivitasnya. Banyak informasi terperinci tersedia, tetapi itu tidak berarti memahami perkembangan tikus atau organisme lain.

Mengatakan bahwa sel, jaringan, dan organ hanya mengatur dirinya sendiri secara otomatis sama dengan mengatakan bahwa jika semua bahan dikirim ke lokasi konstruksi pada waktu yang tepat, bangunan akan secara otomatis membangun dirinya sendiri dan dengan bentuk yang tepat.

Jelas ini tidak terjadi. Bangunan tidak dibangun sendiri, tetapi didirikan berdasarkan proyek. Tentu saja, proyek tidak terkandung dalam bahan bangunan: itu adalah ide spasial, pola informasi yang hilang dari bahan. "

Sejak abad yang lalu banyak ahli biologi, yang mempelajari perkembangan organisme hidup, sampai pada kesimpulan bahwa kerja gen saja tidak cukup, dan bahwa selain memprogram bahan-bahan yang diperlukan, harus ada sistem organisasi yang mengawasi perkembangan.

Sistem ini diyakini didasarkan pada medan, yang disebut "medan morfogenetik". Dalam model matematika yang disiapkan untuk mempelajari perkembangan organisme, elemen "penghasil daya tarik" telah diperkenalkan. The "attractors" adalah tujuan ke arah mana bidang morfogenetik cenderung.

Penarik ini berada di ruang yang tidak ditentukan yang oleh ahli matematika disebut "baskom daya tarik", dan memiliki kemampuan untuk menarik dan mengarahkan setiap organisme ke arah perkembangan yang sesuai dengan spesies dan genusnya.

Dengan demikian, perkembangan seekor tikus dibentuk oleh bidang morfogenetik tikus, dan perkembangan bunga aster oleh bidang morfogenetik bunga aster.

Semuanya bagus, tapi di mana bidang-bidang ini? Bagaimana mereka ditimbang, bagaimana mereka diukur?

Kegelapan mutlak menguasai ini. Di sini, kemudian, adalah bahwa bahkan model matematis dari pengembangan bunga aster sederhana harus menggunakan ... untuk yang tidak diketahui, untuk menjelaskan bagaimana bunga aster terbentuk.

Menjadi wajib untuk menerima bahwa selain medan fisik seperti medan listrik dan medan magnet, ada medan non-fisik dan non-lokal, yaitu medan yang tidak terukur. Selain itu, tidak diketahui dari mana ladang-ladang ini atau dari mana asalnya.

Mari kita pertimbangkan seorang manusia, pria atau wanita, berusia 30-40 tahun, tinggi 1,75 meter dan berat 70 kg. Komposisi kimianya akan menjadi:

air 59%, sama dengan 41,4 kg
protein 19%, sama dengan 13 kg

lemak 17%, sama dengan 12 kg
mineral 4%, sama dengan 3 kg
karbohidrat 1%, sama dengan 0,6 kg
jejak vitamin 3-5 g

Apakah Anda berpikir bahwa menyatukan elemen-elemen ini dalam shaker dan gemetar sesuka hati, Anda akan mendapatkan seorang pria? Tidak. Bahkan manusia tidak "berkumpul" secara acak, tetapi menurut instruksi dari medan morfogenetik. (Lihat gambar 25).

Bagaimana cara kerja medan morfogenetik?

Faktanya, tidak ada yang tahu. Rupert Sheldrake berasumsi bahwa ini adalah bidang genus yang belum dikenali oleh fisikawan, dan karena itu menyarankan tiga sifat.

Yang pertama jelas, bidang morfogenetik adalah proyek yang mengatur proses yang seharusnya acak. Dengan tidak adanya medan morfogenetik yang memandu (memang, memaksakan) perkembangan seekor tikus, itu akan menjadi kekacauan: kita dapat memiliki tikus dengan delapan ekor dan satu kaki, atau lebih buruk lagi, tikus dengan setengah tubuh yang mirip dengan kecoak.

Yang kedua adalah bahwa bidang-bidang ini, seperti yang didalilkan oleh teori matematika, mengandung "agen daya tarik".

Selain merencanakan pengembangan saat ini, bidang-bidang ini tahu bagaimana memandu perkembangan di

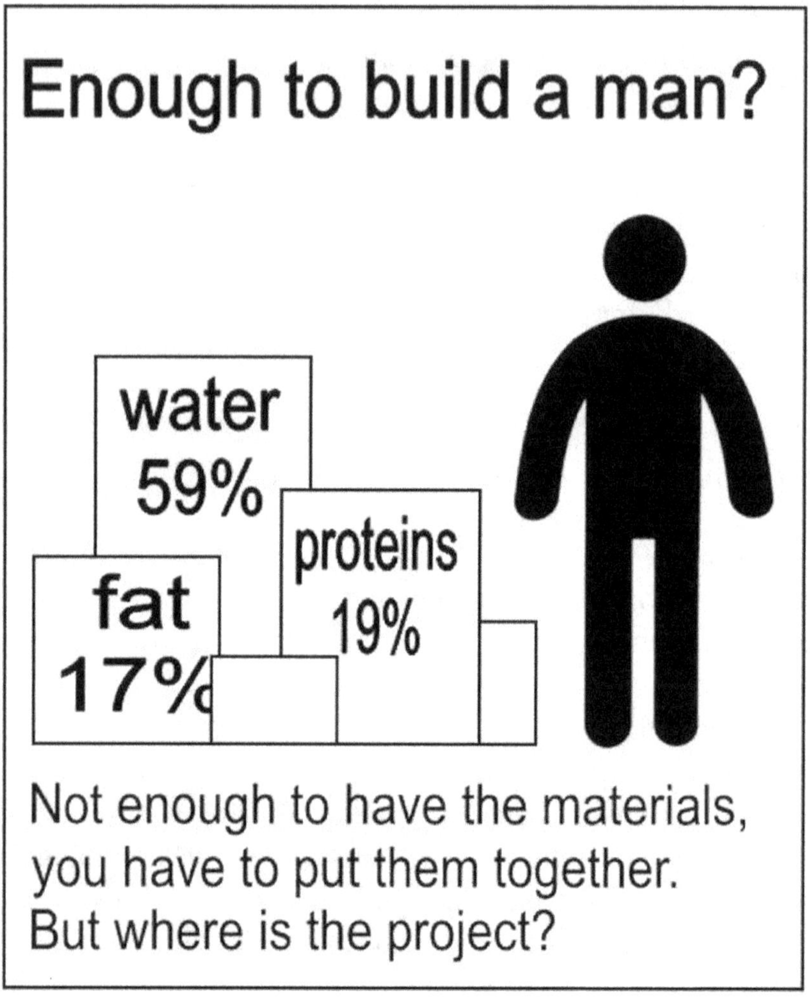

Gambar 25. Membawa semua bahan ke lokasi konstruksi tidak cukup untuk membuat bangunan. Ada kebutuhan untuk proyek. Ini, bagaimanapun, tidak terkandung dalam materi.

Morphogenetic fields

1

The vine produces grapes because its development takes place in accordance with the morphogenetic field of the vine.

This vine growing enhances and modifies the morphogenetic field of all the vine plants.

2

Pear produces pears because its development takes place according to the morphogenetic field of Pear.

This growing pear tree enhances and modifies the morphogenetic field of all pear trees.

Gambar 26. Setiap elemen alam semesta, hewan, tumbuhan atau mineral, berkembang sesuai dengan proyek yang tertulis di bidang morfogenetiknya.

1 Pohon anggur menghasilkan buah anggur karena perkembangannya mengikuti medan norfogenetik tanaman anggur. Saat tanaman merambat ini tumbuh, ia memperkuat bidang morfogenetik dari semua tanaman merambat.

2 Buah pir menghasilkan buah pir karena perkembangannya mengikuti medan morfogenetik pohon buah pir. Namun ini, saat tumbuh, memperkuat bidang morfogenetik semua pohon pir.

masa depan. Bidang morfogenetik tahu "ke mana kita akan pergi", mereka melihat apa yang akan terjadi sebelum itu terjadi.

Mereka memiliki kebijaksanaan atau, jika Anda suka, hati nurani, kesadaran akan tugas mereka. Saat proyek berkembang saat ini, lapangan sudah melihat apa yang akan terjadi di masa depan.

Sifat ketiga adalah bahwa medan morfogenetik tidak terdaftar di alam semesta sekali dan untuk selamanya, tetapi berevolusi bersama dengan organisme referensi. Bidang semua spesies memiliki sejarah yang mereka sadari. (Lihat gambar 26).

Medan morfogenetik dan resonansi morfik.

Langkah selanjutnya adalah memperluas prinsip operasi medan morfogenetik. Ini dibatasi oleh namanya sendiri: fungsinya adalah untuk berkolaborasi dengan gen untuk realisasi proyek konstruksi organisme.

Kita dapat membayangkan area yang lebih luas, di mana bidang dapat menjadi proyek pemandu untuk membangun tidak hanya tubuh fisik, tetapi juga karakter, yaitu sifat psikis.

Misalnya, saat tikus tumbuh, naluri dan perilakunya juga dapat tumbuh bersamanya sesuai dengan cetak biru yang sudah ada sebelumnya. Sebagai seorang anak instingnya akan menuntunnya untuk mencari makan dari ibunya, ketika dewasa ia akan mencari makan secara mandiri dengan berburu atau mencari makan di antara sampah.

Dalam hal ini kita berbicara tentang resonansi morfik antara jiwa tikus yang sedang berkembang dan jiwa semua tikus tak terbatas yang hidup sebelumnya.

Resonansi adalah fenomena yang mirip dengan gema, atau gemuruh. Untuk memberikan contoh yang sangat umum, bayangkan Anda membawa dua mikrofon yang dihidupkan berdekatan; Anda mungkin mulai mendengar peluit dengan volume yang meningkat.

Secara teknis, dikatakan bahwa kedua mikrofon berosilasi: masing-masing dari keduanya mentransmisikan sinyal ke yang lain dan menerimanya sebagai balasan yang diperkuat. Inilah yang kami usulkan pada Gambar 24 dengan menyatakan bahwa arketipe dan kesadaran berinteraksi dan memperkuat.

Demikian pula, melalui resonansi morfik, jiwa miliaran tikus yang pernah hidup sebelumnya dan jiwa satu tikus bersentuhan. Individu menerima semua pengalaman spesies. Pada saat yang sama, pengalaman spesies diperkaya dengan pengalaman individu. Mari kita bicara tentang memori spesies.

Pertanyaannya adalah: di mana memori spesies? Tidak ada tempat, kita dapat mengatakan, karena salah satu propertinya adalah non-lokalitas. Atau, dengan analogi dengan apa yang telah dikatakan sejauh ini, kita dapat menempatkannya dalam ketidaksadaran kolektif tikus.

Saya mengutip Sheldrake lagi untuk lebih memperjelas konsep bidang morfik..

Gambar 27. Pergerakan dan evolusi gerombolan ikan atau kawanan burung disebabkan oleh medan gaya yang terkait dengan non-lokalitas. Inilah sebabnya mengapa mereka ditransmisikan ke semua ikan atau burung secara instan.

1 Naluri untuk bermigrasi berasal dari medan morfik bangau.

2 Medan gaya mengoordinasikan pergerakan kawanan bangau.

"Other kinds of morphic fields include the behavioral fields that underlie the behavior and instincts of animals. As a kitten grows up, its instincts and behavior are shaped by morphic resonance from countless cats in the past. Its morphic fields contain a collective memory of the species. These fields interact with nervous systems and brains by imposing pattern and order on otherwise indeterminate or chaotic processes within them, as I discuss below.
In addiction, the morphic fields of social groups, or social fields, coordinate the behavior of animal groups, such as termite colonies, flocks of birds, schools of fish, and packs of wolves". (The Sense of Being Stared At: And Other Unexplained Powers of Human Minds)

"Ada bidang morfik yang mencakup bidang perilaku yang mendasari perilaku dan naluri hewan.
Saat kucing tumbuh, naluri dan perilakunya dibentuk, melalui resonansi morfik, oleh banyak kucing di masa lalu. Bidang morfiknya mengandung memori kolektif spesies.
Bidang-bidang ini berinteraksi dengan sistem saraf dan otak individu, memaksakan pola dan perintah pada proses yang seharusnya tidak dapat ditentukan atau kacau di dalamnya.
Selanjutnya, bidang morfik kelompok sosial, atau bidang sosial, mengoordinasikan perilaku kelompok hewan, seperti koloni rayap, kawanan burung, kawanan ikan, atau serigala"

Bidang morfik.

Bidang morfik memanifestasikan kehadiran diam mereka dalam persepsi, pikiran, dan semua proses mental kita.

Bidang morfik aktivitas mental disebut bidang mental. Melalui bidang mental, pikiran menjangkau lingkungan dan terhubung dengan anggota kelompok sosial lainnya.

Tautan ini dapat menjelaskan telepati, perasaan diawasi, kewaskitaan, dan psikokinesis. Mereka juga dapat membantu untuk memahami firasat dan firasat karena mereka tahu bagaimana meluas ke masa depan, karena di non-lokalitas masa depan tidak ada.

The "Force field" di alam. Batu-batu itu.

Pada awal bagian ini saya mengajukan hipotesis medan gaya yang terbentuk sebagai hasil dari niat, yaitu keinginan dan hati nurani manusia, seperti pada acara pemandian suci di sungai Gangga.

Namun, ada medan kekuatan alam, terlepas dari manusia, yang telah diidentifikasi manusia sejak awal kemanusiaan ketika ikatannya dengan kekuatan alam jauh lebih kuat daripada apa yang terjadi hari ini.

Destinasi ziarah sudah ada pada zaman prasejarah, terkait dengan kepercayaan akan kesakralan tempat-tempat tertentu: hutan, sungai, batu. Perayaan pemujaan agama juga berkembang dari kepercayaan ini.

Bumi dimuliakan sebagai Ibu, menurut konsep yang ada di semua bangsa. Akibatnya, semua hal yang berasal dari Ibu Pertiwi memiliki makna sakral.

Secara khusus, beberapa batu dipandang sebagai wadah sifat mistik. Batu yang dengan sendirinya melambangkan kekuatan dan daya tahan, menjadi ekspresi kehadiran kekuatan ilahi, kuat dan abadi.

Batu itu juga mengilhami keselamatan, karena tempat tinggal manusia pertama terletak tepat di dalam batu, di dalam gua.

Gua-gua itu tidak dianggap hanya asrama, tetapi tempat yang penuh dengan kesucian. Ini dapat dipahami dengan mengamati dekorasi yang ada di banyak gua ini.

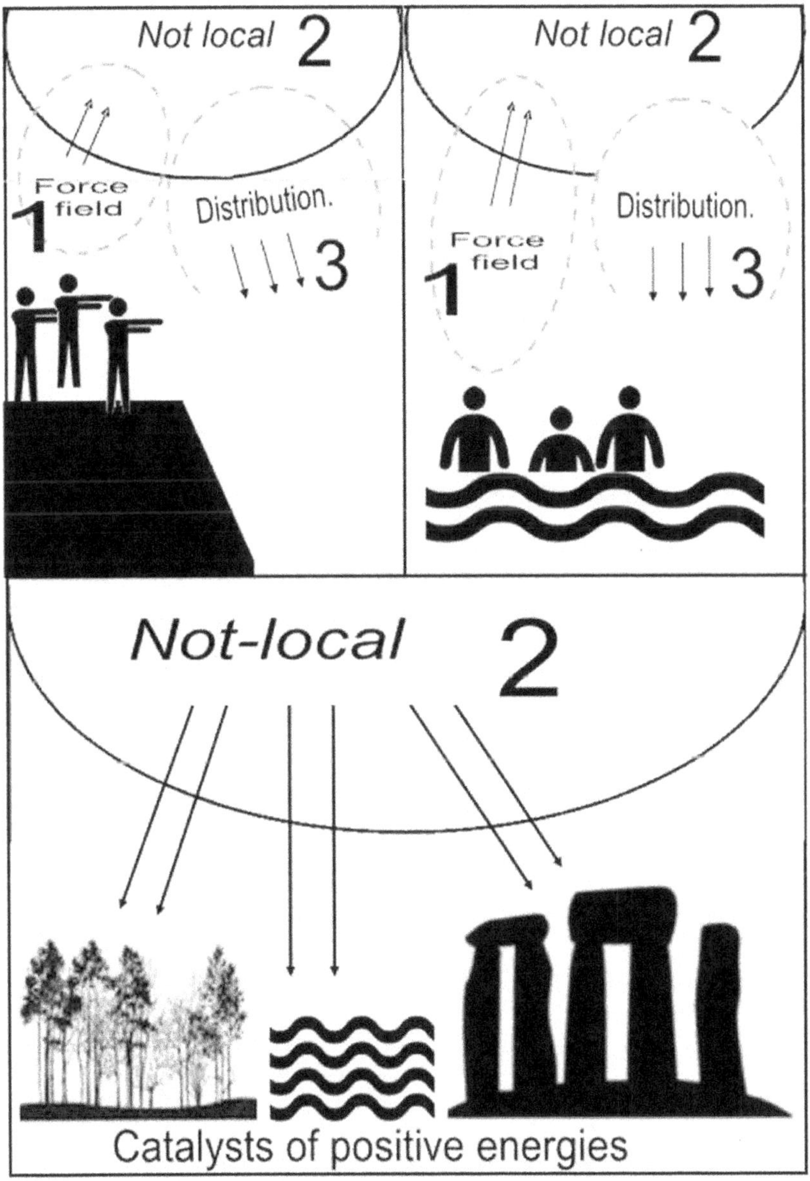
Not local 2
Force field
1
Distribution.
3
Not local 2
Distribution.
Force field
1
3
Not-local 2
Catalysts of positive energies

Gambar 28. Katalis energi positif.

1 - 2 Niat manusia dapat menciptakan medan kekuatan yang mempengaruhi tingkat non-lokal.

3 Banyak tempat di bumi yang menjadi katalis untuk energi positif yang datang dari tingkat non-lokal.

Hiasan tersebut mengubah gua menjadi kuil, seperti yang terjadi misalnya pada gua yang dihiasi lukisan batu Lascaux atau Chauvet di Prancis, gua Altamira di Spanyol atau bahkan Grotta del Genovese di Levanzo, di Sisilia.

Tidak ada bahan lain yang menyertai sejarah manusia seperti batu. Kaitannya dimulai dengan pembangunan alat dan berlanjut hingga hari ini dengan pembangunan gedung-gedung yang menyentuh awan.

Kami juga menemukan simbol batu dalam praktik alkimia, yang ditujukan untuk mencari Batu Bertuah, yang mampu mengubah timah menjadi emas, tetapi juga mengangkat manusia dari sifat alaminya ke spiritualitas yang lebih tinggi.

Dalam semua budaya, manusia dipandang sebagai menjangkau ke langit dari mana ia berasal. Manusia hanya sementara terpisah dari alam semesta, mengingat sifat fananya, tetapi dia terus-menerus mencari jembatan yang menyatukannya kembali dengan keabadian dari mana dia berasal.

Seringkali batu menjadi jembatan yang mendukung kontak ini. Dalam perspektif ini, megalit dapat dilihat.

Batu-batu yang didirikan sebagai elemen tunggal atau dalam lingkaran (cromlech) seperti di Stonehenge, di Inggris, atau lagi dalam susunan seperti di Carnac di Prancis, memiliki kekuatan untuk mengkatalisasi energi alam semesta. (Lihat gambar 28).

Energi ini, yang berasal dari keseluruhan, yaitu dari non-lokalitas, menghasilkan medan kekuatan lokal di mana manusia dapat membenamkan dirinya untuk terhubung dengan kekuatan universal, yang ilahi.

Medan kekuatan yang dihasilkan oleh tempat-tempat ini seringkali memiliki kemampuan penyembuhan yang sangat baik, jika hanya karena fakta bahwa kesejahteraan psikologis juga menciptakan kesejahteraan fisik.

Pierre Teilhard de Chardin dan "Titik Omega".

Pierre Teilhard de Chardin adalah seorang imam Yesuit, lahir di Prancis, di Orcines, pada tahun 1881. Dikenal terutama sebagai ilmuwan evolusionis, ia menguraikan beberapa teori di antaranya yang berkaitan dengan "Noosfer" adalah penting.

"Noosphere" adalah istilah yang berasal dari kata Yunani "nous", yang berarti pikiran, dan "sphere", dalam arti biosfer atau bidang biologis.

Bagi Teilhard de Chardin, "Noosphere" adalah kesadaran kolektif manusia, yang muncul dari interaksi antara semua pikiran manusia. Sebagai organisasi spesies manusia telah berkembang, noosfer telah berkembang menjadi semacam resonansi.

Konsep tersebut tentu memiliki analogi yang kuat dengan alam bawah sadar kolektif Jung dan pembentukan "bidang morfik" Sheldrake.

Semakin manusia mengatur dirinya sendiri dengan meningkatkan kompleksitasnya, semakin noosfer terbentuk. Sarjana itu berpendapat bahwa "Noosfer" akan meluas, dengan meningkatnya resonansi dan integrasi, hingga mencapai apa yang disebutnya Titik Omega,

Ini adalah tingkat kompleksitas dan kesadaran maksimum yang menjadi tujuan alam semesta dalam evolusinya.

Penerbitan tulisan-tulisannya menimbulkan kontroversi panas di kalangan Katolik, juga karena adanya kontras antara kaum konservatif dan inovator pada periode sebelum Konsili Vatikan II.

Memang, Teilhard de Chardin dituduh bid'ah, lebih tepatnya panteisme, tuduhan yang sama yang menyebabkan Giordano Bruno dibakar di tiang pancang.

Seperti biasa, Gereja telah menunjukkan bahwa itu selalu selangkah di belakang dalam mengejar ilmu pengetahuan, sehingga kecaman hakim yang bersemangat seperti yang mereka improvisasi kemudian harus ditinjau oleh pikiran yang lebih reflektif dan tercerahkan.

Memang, belakangan ini teori Teilhard de Chardin telah dievaluasi kembali secara positif. Paus Paulus VI, dalam pidatonya tentang hubungan antara sains dan iman, memuji karyanya dan menunjukkan dia sebagai ilmuwan yang, dalam studi materi, telah berhasil menemukan kembali Roh.

Ia juga menambahkan bahwa teori De Chardin tidak menyangkal Tuhan, tetapi mendukung "kehadiran Tuhan sebagai prinsip yang Cerdas dan Pencipta".

Selanjutnya, Kardinal Ratzinger, yang kemudian menjadi Paus Benediktus XVI, mengakui bahwa salah satu dokumen utama Konsili, ensiklik "Gaudium et Spes", sangat diresapi oleh pemikiran Yesuit Prancis. Dia lebih lanjut menyatakan bahwa visinya adalah awal dari "liturgi kosmik yang agung".

Bagian lima. Keajaiban fisika kuantum.

I have yet to see any problem,
however complicated, which,
when looked at in the right way
did not become still more complicated.
(Poul Anderson, writer)

Masalah rumit apa pun, dianalisis dengan cara yang benar, menjadi lebih rumit lagi. (Poul Anderson, penulis)

Waktu, jarak, "kuantum non-lokalitas".

Sebelum membahas topik yang berkaitan dengan fenomena yang disebut "belitan kuantum", ada baiknya untuk memiliki gagasan tentang dimensi tempat kita bergerak. Hidup di tingkat fisik, kita terbiasa mengukur waktu dalam skala mulai dari detik hingga abad, dan bagi kita tampaknya jarak antara dua ekstrem itu sangat besar.

Sebenarnya, satu abad terdiri dari 876.000 jam, dan oleh karena itu, mengingat satu jam terdiri dari 3.600 detik, satu abad terdiri dari sekitar 3 miliar dan 154.000 detik.

Namun, jika kita mencoba berpikir bahwa dalam astronomi, waktu dihitung dalam miliaran tahun (satu miliar tahun adalah sepuluh juta abad), kita dapat melihat dengan baik bahwa satuan ukuran yang biasanya digunakan tidak mencukupi.

Hal yang sama dapat dikatakan untuk jarak: kita biasanya berpikir dalam milimeter, meter atau kilometer. Namun, jika kita ingin melakukan pengukuran di galaksi, atau di inti atom, kita menyadari bahwa satuan pengukuran ini tidak memadai.

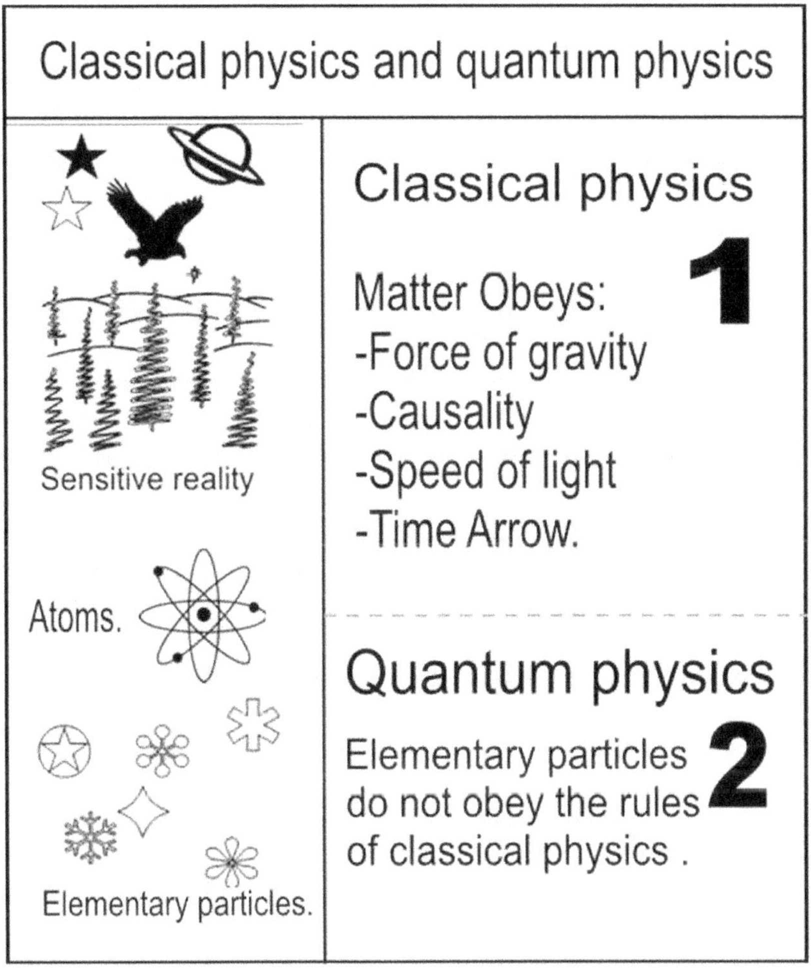

Gambar 29. Sampai beberapa tahun yang lalu kita hanya mengenal fisika klasik. Sekarang menjadi jelas bahwa ada tingkat lain, yaitu partikel elementer. Pada level ini aturan fisika klasik sudah tidak berlaku lagi.

1 Fisika klasik, materi mematuhi banyak hukum: gaya gravitasi, kausalitas, kecepatan cahaya, arah waktu.

2 Dalam fisika kuantum, partikel elementer tidak mematuhi hukum ini.

Sinkronisasi terjadi pada waktu yang tepat.

Dalam Surat kepada Orang-orang Ibrani, sebuah teks alkitabiah yang dikaitkan di masa lalu dengan St. Paulus, penulis menyatakan bahwa Kristus "... ketika kegenapan waktunya, Ia datang ke dunia untuk menghapus dosa dengan mengorbankan dirinya" (Ibr. 9, 26b)

Dalam salah satu percakapannya, penafsir Alkitab terkenal Italia, Gianfranco Ravasi, menunjukkan bahwa, tanpa mengurangi semua implikasi teologis, ungkapan "kegenapan waktu" juga dapat dipahami dalam arti yang paling tepat, dengan arti " waktu terbaik". Menurut pendapat Ravasi, saat ketika Yesus lahir benar-benar tepat untuk penyebaran Injil: Kekaisaran Romawi telah membangun jalan di semua wilayahnya, sangat memudahkan pergerakan orang dan, bersama mereka, ide-ide baru.

Tugas yang Yesus berikan kepada murid-murid-Nya "Pergilah ke seluruh dunia dan beritakanlah Injil kepada setiap makhluk" (Mrk 16:15) sangat dipermudah oleh situasi dunia pada waktu itu: wilayah yang luas praktis dalam damai dan mudah dijangkau.

Kita tahu bahwa arketipe, yaitu, "ide-ide" yang hadir dalam ketidaksadaran kolektif umat manusia, berinteraksi dan diperkuat dengan hati nurani dan niat manusia.

Human evolution

From four million years to 10,000 years ago **1**		Stone Age in its various stages
From 10,000 to 200 years ago **2**		Age of metals
From 1800 **3**		Industrial Revolution
From 1900 **4**		Computer revolution
Next evolutionary step **5**		Science that unifies matter and psyche

Gambar 30. Diperlukan waktu yang sangat lama untuk memicu sinkronisitas evolusioner yang memungkinkan peralihan dari zaman batu ke zaman logam. Dalam beberapa abad terakhir, sinkronisitas telah menjadi tren yang hingar bingar.

1 Zaman batu berlangsung jutaan tahun dan berakhir hanya 10.000 tahun yang lalu.

2 Usia logam berlangsung dari 10.000 hingga 2.000 tahun yang lalu.

3 Revolusi industri dimulai pada abad ke-19

4 Revolusi informasi dimulai pada abad ke-20

5 Langkah evolusioner selanjutnya akan melibatkan kolaborasi antara komponen material dan komponen psikis alam semesta.

Dengan cara yang sama, masuk akal untuk percaya bahwa gagasan tentang agama baru diperkuat ketika lebih banyak orang memasukkannya ke dalam keinginan dan harapan mereka, yaitu, ke dalam niat mereka sendiri.

Kekristenan menyebar lebih cepat karena harapan orang percaya baru terus meningkat, dan mereka beresonansi dengan gagasan kekristenan yang hadir di non-lokal.

Meningkatnya jumlah umat beriman adalah pengganda. Tentu saja, menurut iman Kristen, dimensi "non-lokal" bertepatan dengan pekerjaan Roh Kudus, yang membantu dan membimbing para murid dalam khotbah mereka.

Kita dapat membayangkan contoh lain dari "waktu yang paling cocok" jika kita mengevaluasi waktu evolusi manusia.Usia manusia dapat dibagi menjadi Zaman Batu, Zaman Tembaga, Zaman Perunggu dan Zaman Besi.

Jika kita membuat daftar usia ini dengan cara ini, kita tidak memiliki persepsi tentang durasinya. Faktanya, Zaman Batu dimulai 3-4 juta tahun yang lalu, dan hanya 10-12.000 tahun yang lalu terjadi perubahan yang mengarah ke Zaman Tembaga: 5.000 tahun yang lalu ke Zaman Perunggu. Zaman Besi datang 3.000 tahun yang lalu. (Lihat gambar 30)

Zaman batu berlangsung sangat lama dari semua zaman berikutnya. Mengapa manusia bertahan begitu lama di usia dini, selama lebih dari tiga juta tahun, sebelum membuat langkah evolusioner pertama di Zaman Tembaga? Ini adalah pertanyaan yang tidak dapat dijawab oleh paleontologi modern.

Mari kita coba hipotesis: dalam semua periode yang sangat lama yang tidak diinginkan manusia, mereka tidak berniat untuk berevolusi, mungkin mereka bahkan tidak membayangkan kemungkinan itu karena mereka belum memiliki hati nurani yang cukup siap untuk mengungkapkan niat.

Mungkin mereka juga sangat sedikit sehingga mereka tidak mampu mengembangkan medan gaya sedemikian rupa untuk menginduksi sinkronisitas yang mampu mendukung perkembangan evolusioner.

Pada titik tertentu, peningkatan jumlah dan beberapa keadaan yang menguntungkan berhasil memicu medan kekuatan yang cukup untuk berinteraksi dengan pola dasar perkembangan budaya.

Sejak saat itu, evolusi berlangsung sangat cepat, dengan cepat berpindah dari Zaman Tembaga ke Zaman Perunggu dan kemudian ke Zaman Besi.

Hari ini kita hidup di zaman silikon, yaitu zaman informasi. Hari ini kita memiliki alat komunikasi untuk menyebarkan ide-ide baru dengan cepat, mampu menghasilkan medan kekuatan dan harapan sehubungan dengan batas-batas pengetahuan yang paling maju.

Medan-medan kekuatan yang muncul saat ini dapat menyebar dan mengubah jalur evolusi umat manusia dalam beberapa dekade, bukan lagi dalam jutaan tahun.

Waktu yang kita jalani tentunya merupakan waktu yang tepat bagi ide-ide baru yang berkaitan dengan kemajuan fisika kuantum, seperti keterjeratan kuantum, untuk memegang dan mendobrak semua kepercayaan lama tentang realitas alam semesta.

Faktanya, keterjeratan kuantum memprediksi sebuah realitas yang tidak lagi terdiri dari materi saja, tetapi materi dan jiwa. Keterikatan mengevaluasi kembali dan membuat arus semua pikiran dan intuisi yang tidak pernah dapat dicoba oleh umat manusia, bahkan jika itu selalu dirasakan sebagai kebenaran.

Keterikatan kuantum mulai menghasilkan bukti nyata dan meyakinkan. Sebuah jaringan "pembela" ilmu baru ini sedang dibuat di seluruh dunia, mampu menghasilkan medan kekuatan yang cukup untuk memperkuat ide yang sama setiap hari.

Keterikatan kuantum telah berkembang dalam beberapa tahun melalui serangkaian sinkronisitas yang luar biasa.

Pertemuan yang terjadi pada waktu yang tepat.

Suatu sore yang dingin di bulan Januari 1932, seorang pria berpenampilan sederhana mengetuk pintu kantor seorang psikoterapis terkenal saat itu.

Dia telah memutuskan untuk mendengarkan nasihat ayahnya, mengkhawatirkan kesehatan mentalnya, dan mencari perawatan spesialis. Memang, pria itu sedang melalui saat yang sangat sulit dalam hidupnya.

Dia lahir di Wina pada awal 1900-an. Dia akan segera berusia tiga puluh tahun dengan perasaan berbeda karena telah melakukan sangat sedikit dalam hidupnya. Dia telah jatuh ke dalam keadaan gangguan psikis yang serius karena banyak peristiwa tragis yang melibatkannya.

Khususnya, empat tahun sebelumnya ibunya bunuh diri dan kemudian menceraikan istrinya, seorang penyanyi kabaret, setelah pernikahan yang berlangsung beberapa minggu.

Semua ini telah membawanya menjadi seorang pecandu alkohol, sehingga sering terjadi pada larut malam dia diusir dari berbagai tempat yang sering dia kunjungi di mana dia terkenal karena dia mengganggu pelanggan lain.

Antara lain, kebiasaan ini membuatnya mudah tersinggung dan juga di lingkungan kerja. Di sini dia tidak bisa bersikap ramah dalam hubungannya dengan orang lain.

Dalam catatannya, psikoterapis menggambarkan pertemuannya dengan pria itu dengan cara ini:

“Saya punya pasien, seorang profesor universitas. Dia adalah seorang intelektual yang sangat berorientasi mono. Ketidaksadarannya menjadi bermasalah dan sangat aktif. Dia memproyeksikan dirinya ke orang lain yang tampaknya menjadi musuhnya. Dia merasa sangat kesepian, karena semua orang sepertinya menentangnya."

Psikoterapis itu bernama Carl Gustav Jung, dan pasiennya Wolfgang Pauli. (Lihat gambar 31). Dari pertemuan itu, segera diperkuat oleh persahabatan karena kesamaan kepentingan budaya, kolaborasi yang intens berkembang di antara keduanya.

Faktanya, terlepas dari masalah psikisnya, Pauli adalah seorang ilmuwan yang cerdas, sedemikian rupa sehingga pada tahun 1945 ia menerima Hadiah Nobel untuk penemuannya yang penting untuk pengembangan fisika kuantum, Prinsip terkenal yang disebut "pengecualian Pauli".

Pertemuan keduanya tidak terjadi secara kebetulan, tetapi itu adalah sinkronisitas yang sangat tepat untuk waktu itu, dan membimbing seluruh umat manusia menuju pengetahuan terkini tentang realitas alam semesta.

Gambar 31. Wolfgang Pauli, Hadiah Nobel Fisika 1945.

Jung dan Pauli telah menggabungkan dua teori. Yang pertama, teori arketipe dan ketidaksadaran kolektif, telah dikembangkan oleh Jung. Teori ini tunduk pada akurasi ilmiah dan metodologi ketat Pauli. Pauli juga membandingkan teori Jung dengan prinsip fisika kuantum. Sebagian besar konten dalam buku ini didasarkan pada hasil kolaborasi mereka.

Pauli memuji mimpi untuk banyak hasil positif dari studinya. Ia mengaku mendapat banyak inspirasi berguna dalam mimpi.

Efek Pauli.

Pauli terkenal di antara teman-temannya karena sifat yang sangat istimewa.

Dikatakan bahwa ketika Pauli masuk ke laboratorium penelitian, sesuatu selalu terjadi. Misalnya, ada alat yang berhenti bekerja, ada benda yang hancur, ada yang jatuh ke tanah atau meledak.

Banyak fisikawan telah memutuskan untuk tidak membiarkannya masuk dengan cara apa pun dan menciptakan alasan yang paling imajinatif. Tapi mereka melakukannya tanpa memberitahunya, untuk menghormatinya.

Hanya rekannya Otto Stern yang secara terbuka mengumumkan larangan tersebut sebagai keputusan yang tidak dapat dibatalkan. Tentu saja medan kekuatan psikokinetik telah terbentuk di sekitar Pauli. Medan ini dapat mempengaruhi benda padat.

Efek Pauli ini disaksikan oleh banyak rekan-rekannya. Salah satunya, J. Frank, menulis kepadanya bahwa salah satu peralatannya di Göttingen telah rusak. Tapi dia tidak bisa menyalahkan Pauli, karena Pauli tidak hadir hari itu.

Pauli menjawab bahwa pada saat kecelakaan dia sedang bepergian dan keretanya berhenti tepat di stasiun Göttingen.

Terlepas dari pertimbangan folkloric ini, Pauli adalah salah satu pemikir terkemuka mekanika kuantum, bersama dengan Bohr, Heisenberg, Dirac, dan lainnya.

Pauli dengan cepat menjadi terkenal karena kontribusi dasarnya dan orisinalnya pada teori medan kuantum.

Prinsip pengecualiannya (yang membuatnya mendapatkan Hadiah Nobel) adalah dasar dari teori yang memungkinkan untuk bereksperimen dengan fenomena belitan kuantum.

Albert Einstein selalu menunjukkan penghargaan yang mendalam kepadanya. Ketika dia hadir pada penyerahan Hadiah Nobel, pencipta teori relativitas memanggilnya "anak spiritualku".

Kolaborasi panjang membawa Jung dan Pauli untuk mengembangkan diagram psikofisik yang ditunjukkan pada Gambar 32.

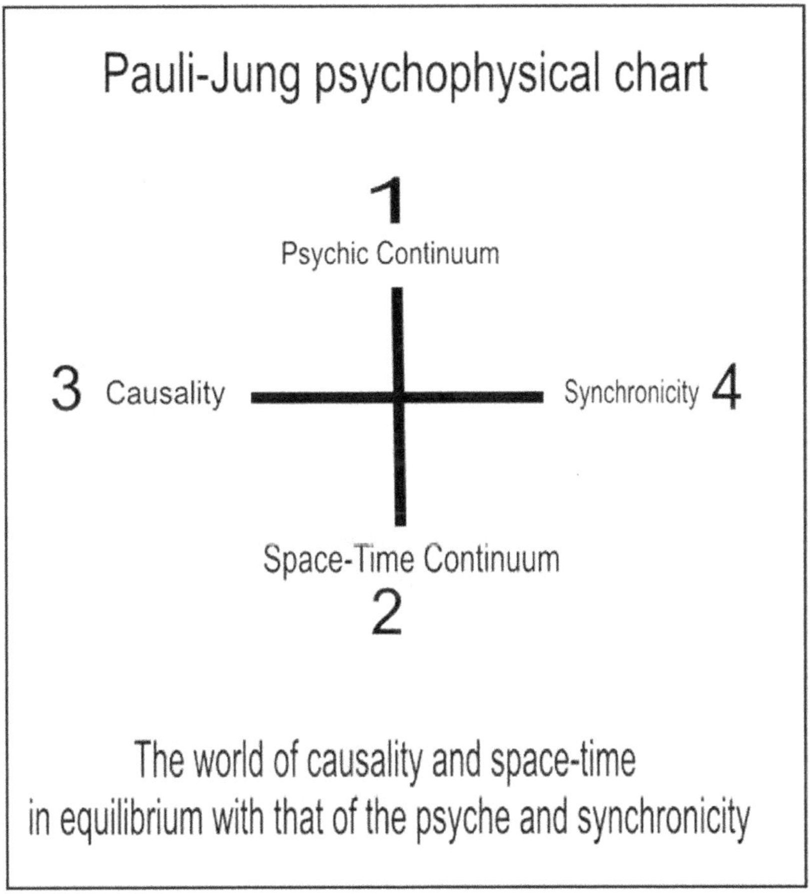

Gambar 32 Diagram psikofisik disiapkan oleh Wolfgang Pauli dan Carl Gustav Jung.

1-2 Kedua lengan vertikal mewakili dunia jiwa, seimbang dengan dunia materi.

3-4 Kiri dan kanan grafik adalah "keacakan" dan "sinkronisitas" dalam keseimbangan.

Mdiagram psikofisik untuk Pauli dan Jung.

Di sebelah kiri dan kanan grafik, keacakan dan sinkronisitas seimbang. Dengan cara ini, mereka ingin menunjukkan kerjasama antara fisika Newton. dan prinsip sinkronisitas.

Menurut kausalitas, setiap peristiwa terkait dengan penyebab yang menghasilkannya. Sinkronisitas, di sisi lain, selalu mengacu pada peristiwa yang sama sekali tidak terkait.

Kedua lengan vertikal mewakili dunia jiwa, yaitu non-lokal, yang menyeimbangkan dirinya dengan fisik yang diatur oleh dimensi ruang dan waktu.

Diagram ini menegaskan bahwa realitas tidak hanya terdiri dari materi tetapi materi dan jiwa. Materi dan jiwa saling membutuhkan. Realitas psikis tidak dapat eksis jika tidak dapat memanifestasikan dirinya dalam realitas material dan sebaliknya.

"Keterjeratan kuantum".

Semua penemuan baru, terutama jalinan kuantum, cenderung mendokumentasikan keberadaan "substrat" yang menghubungkan semua realitas tempat kita hidup.

Sintesis Quantum entanglement persis seperti ini: seluruh alam semesta saling terhubung melalui dimensi di mana sinyal dan informasi bergerak tanpa batas ruang dan waktu.

Pada tingkat partikel dasar, ini telah ditunjukkan dengan jelas. Kesimpulan yang dapat kita tarik adalah bahwa karena seluruh alam semesta terdiri dari partikel-partikel elementer, seluruh alam semesta saling berhubungan.

Meneliti realitas dari sudut pandang mekanika kuantum, kita melihat bahwa banyak fenomena, yang sebelumnya dianggap mustahil, sebenarnya bisa ada.

Kita berbicara tentang telepati, kewaskitaan, telekinesis, dan semua fenomena yang dikenal sebagai "kebetulan yang aneh". Ini adalah kebetulan-kebetulan penting yang dikatalogkan oleh psikolog Carl Gustav Jung, bersama fisikawan dan peraih Nobel Wolfgang Pauli dengan nama "sinkronisitas".

Seseorang akan menjadi skeptis, dengan alasan bahwa teori tanpa cela secara ilmiah seperti belitan kuantum tidak dapat "kotor" dengan mengaitkannya dengan fenomena psikis.

Namun, ini adalah kasusnya dan dua realitas benar-benar kompatibel.

Struktur realitas yang ditafsirkan dengan kriteria fisika kuantum dan sifat-sifat fenomena psikis bisa tampak bertahun-tahun cahaya jauhnya. Sebaliknya, mereka berbagi fitur dengan kesamaan dan kompatibilitas yang benar-benar mengesankan.

Keterikatan adalah properti teori kuantum yang disertifikasi oleh banyak eksperimen.

Sementara itu, Albert Einstein tidak menerima kebaruan ini karena dia percaya itu bertentangan dengan teori relativitasnya. Oleh karena itu, Einstein membayangkan sebuah eksperimen untuk menunjukkan inkonsistensi teori-teori kuantum.

Eksperimen terkenal ini, yang dikenal sebagai EPR dari nama tiga ilmuwan yang mengusulkannya (Einstein, Podolski, Rosen) adalah eksperimen pemikiran, yang memiliki ketidakakuratan. Sebagai teknik ditingkatkan pada 1980-an, percobaan praktis dilakukan berkali-kali. Setiap kali percobaan mengkonfirmasi teori "belitan kuantum". Jadi, keraguan Einstein ternyata tidak sesuai.

Dimana "belitan kuantum" lahir. Partikel dasar.

Keterikatan adalah fenomena yang terjadi pada tingkat partikel elementer. Langkah pertama untuk memahami hal ini adalah dengan memperjelas apa itu partikel elementer.

Kami mengacu pada kategori partikel yang paling terkenal, elektron, yang termasuk dalam kategori lepton. Seperti diketahui, elektron adalah partikel yang sangat kecil dengan muatan listrik negatif.

Elektron mengorbit di sekitar inti pusat atom (terdiri dari proton dan neutron). Inti ini memiliki muatan listrik positif, elektron memiliki muatan listrik negatif.

Pergerakan elektron menghasilkan medan magnet dan bertanggung jawab untuk konduktivitas listrik dan panas. Tetapi fitur yang paling menarik bagi kita adalah bahwa elektron, untuk menanggapi perubahan energi dan percepatannya, memancarkan foton.

Foton adalah kuantum cahaya. Untuk menjelaskan konsep "berapa banyak" mari kita ambil contoh, dan bayangkan pergi ke supermarket untuk membeli keju.

Anda bisa meminta 100 gram, 200 atau 300 gram, atau bahkan 150 gram. Petugas akan memotong beberapa irisan dengan meletakkannya di timbangan dan kemudian akan berkata: "Ada 10 gram lagi, haruskah saya meninggalkannya?" Anda membayar berdasarkan berat dan dengan senang hati meninggalkan toko.

Jika Anda pergi untuk membeli foton, bukan itu cara kerjanya. Sebuah foton memiliki beratnya sendiri, yang tidak disebut "kilogram" atau "hectogram", tetapi "berapa". Foton adalah "kuantum". Ini adalah satu-satunya ukuran yang mungkin. Tidak ada kelipatan atau subkelipatan dari "kuantum"

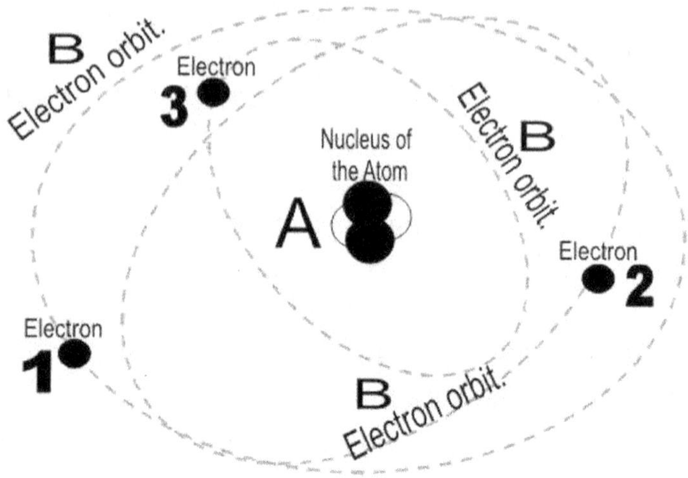

Exemghting an atom.
(nucleus, electrons, electron orbits).

The electron 1 (outermost) has an energy greater than 2 and 3, to remain in orbit around the nucleus.

Electron 2 has an energy greater than 3, but less than 1.
Electron 3 has less energy than 2 and 1

Gambar 33. Sebuah elektron memiliki energi yang cukup untuk membuatnya tetap berputar mengelilingi inti. Semakin orbitnya eksternal, yaitu, semakin jauh dari inti, semakin tinggi energi yang dimilikinya.

A - Inti atom.

B - Orbit elektron

1 Elektron yang berputar pada orbit terluar memiliki energi yang lebih besar daripada elektron 2 dan 3 yang berputar pada orbit yang lebih dekat dengan inti atom.

2 Elektron 2 memiliki energi yang lebih besar dari yang dimiliki oleh elektron 3. Namun energinya lebih rendah daripada yang dimiliki oleh elektron 1.

Mari kita kembali ke elektron kita. Kami telah mengatakan bahwa ia bereaksi terhadap perubahan energinya dengan memancarkan foton. Jadi tujuan kami adalah membuat elektron memancarkan foton untuk memahami keterjeratan. Langkah pertama adalah memvariasikan energi elektron, mari kita lihat bagaimana kita bisa melakukannya.

Sebuah atom dikelilingi oleh banyak elektron, tergantung pada elemen yang menjadi bagiannya.

Elektron berputar dalam orbit yang diatur di sekitar nukleus. Tingkat energi mereka tergantung pada orbit ini. Mereka yang lebih jauh dari nukleus memiliki lebih banyak energi, mereka yang lebih dekat ke nukleus memiliki lebih sedikit. (Lihat gambar 33*)*.

Elektron yang kurang disiplin.

Sering kali, untuk alasan yang tidak diketahui siapa pun, sebuah elektron memutuskan untuk memutuskan harmoni ini dan mengubah orbit. Artinya, ia memutuskan untuk melompat dari orbit luar ke orbit dalam.

Dalam lompatan ini, bagaimanapun, atom sangat terbatas: ia tidak dapat dengan bebas membuat lompatan kecil, atau lompatan setengah atau lompatan yang lebih jauh: ia harus melompat tepat "kuantum", karena orbitnya diatur dalam urutan kuantum.

Jika elektron kita melompat ke dalam untuk mendekati inti, di orbit baru tidak lagi membutuhkan energi yang dimiliki sebelumnya karena orbit terdalam membutuhkan lebih sedikit energi.

Oleh karena itu elektron harus menyerahkan sebagian energinya. Lebih tepatnya, elektron harus melepaskan energi "kuantum".

Apa yang terjadi dengan "berapa banyak" energi yang telah hilang? Itu menjadi partikel, yaitu, "foton". Seperti yang telah disebutkan, foton sebenarnya adalah "kuantum" cahaya.

Fakta bahwa elektron harus melompat tepat "berapa", tidak lebih dan tidak kurang. menentukan fenomena yang sangat aneh. Anda tidak akan pernah menemukan elektron "tersuspensi di udara" antara satu orbit dan orbit lainnya, yaitu dalam posisi perantara.

Elektron akan mengubah orbit tanpa transisi apapun, segera. Dalam lompatan kuantum elektron tidak ada ruang untuk mengatasinya atau waktu yang diperlukan untuk mengatasinya. Sekarang elektron ada di sini, tetapi sekarang sudah ada di tempat lain dan sekarang ada foton baru. (Lihat gambar 34).

Kami telah membuat langkah maju yang signifikan tetapi kami membutuhkan yang lain, yang sangat kecil. Untuk mengevaluasi apa keterjeratan itu, kita membutuhkan setidaknya dua foton, karena keterjeratan justru terdiri dari hubungan antara dua partikel, atau lebih dari dua.

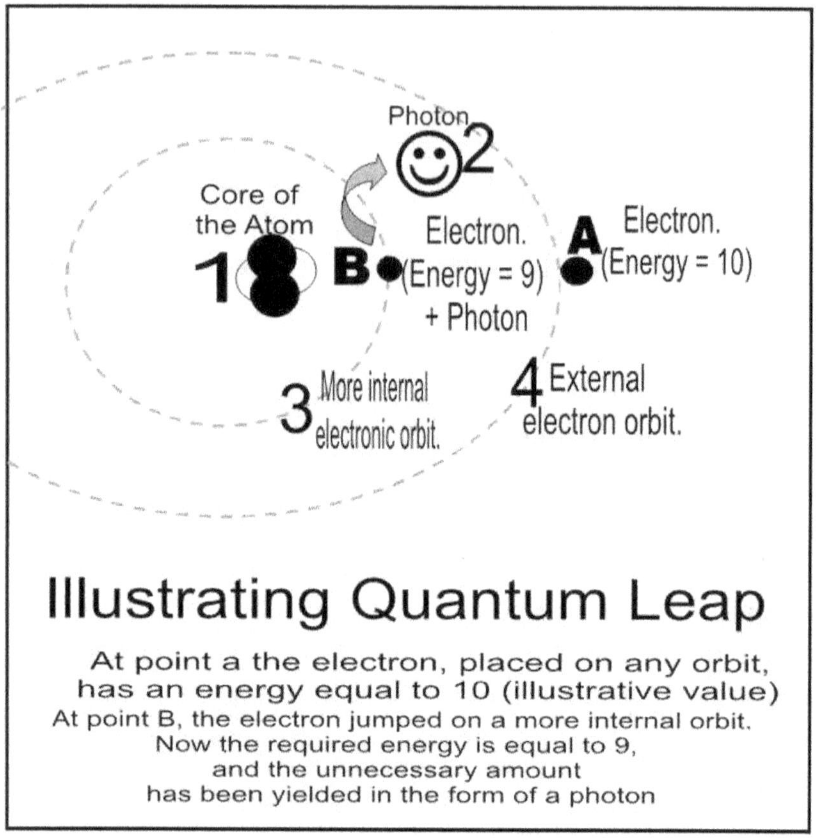

Gambar 34. Lompatan kuantum. Sebuah elektron yang melompat ke orbit yang lebih dekat ke inti kehilangan energi, dan melepaskannya dalam bentuk foton.

1- Inti atom.

A) - Elektron terletak pada orbit 4. Bayangkan energinya sama dengan 10.

B) - Elektron A melompat ke orbit 3, yang lebih internal. Dengan cara ini ia melepaskan "kuantum" energi. Energi yang dilepaskan diubah menjadi foton.

Jalinan kuantum lahir di antara dua foton "kembar".

"Keterjeratan kuantum" muncul di antara dua foton "kembar", yaitu, dua foton yang lahir dari peristiwa yang sama.

Perbedaan pendapat yang sangat lama muncul antara mereka yang percaya pada keberadaan hubungan khusus antara foton yang dipancarkan oleh lompatan kuantum, dan mereka yang, di sisi lain, skeptis.

Di antara para skeptis ada juga Einstein yang, bersama dengan dua ilmuwan lain (Podolski dan Rosen) telah merancang, pada tahun 1935, sebuah eksperimen pemikiran untuk menunjukkan ketidakmungkinan teori yang diprediksi oleh mekanika kuantum.

Einstein menyebut perilaku partikel pada tingkat kuantum "tindakan mengerikan di kejauhan" dan dengan tegas menyangkalnya.

Eksperimen pikiran adalah eksperimen yang tidak dilakukan dalam praktik, melainkan hanya imajiner. Oleh karena itu, hasilnya teoretis dan tidak dapat diverifikasi.

Eksperimen pemikiran digunakan ketika sarana teknis untuk melaksanakannya dalam praktik tidak ada atau sarana ekonomi tidak tersedia.

Hampir tiga puluh tahun kemudian, John Stewart Bell, dalam sebuah artikel berjudul "On the Einstein-Podolsky-Rosen Paradox," mendukung gagasan Einstein.

Bell menunjukkan bahwa karakter mekanika kuantum nonlokal tidak sesuai dengan realitas fisik. Dia menyimpulkan bahwa jika ini tampaknya terjadi, itu karena studinya tidak lengkap.

Bell berpendapat bahwa pasti ada kekurangan elemen komputasi, karena keterjeratan tidak mungkin memiliki karakteristik yang dikaitkan dengannya.

Namun, artikel Bell membuka kemungkinan verifikasi, karena menyarankan eksperimen baru, versi sederhana dari eksperimen EPR. Eksperimen ini dapat dilakukan dengan mengukur polarisasi foton.

Mungkin Bell tidak mengharapkan ini, tetapi seseorang menuruti kata-katanya, dan eksperimen yang disarankan dilakukan. Sejak 1980-an, banyak yang telah diulang.

Semua eksperimen ini memberikan bukti bahwa, pada tingkat kuantum, lokalisme fisika klasik tidak lagi valid dan properti non-lokal mengambil alih. Prediksi yang berkaitan dengan karakteristik belitan telah dikonfirmasi di laboratorium.

Eksperimen Aspek Alain.

Alain Aspect adalah orang pertama yang menerima tantangan Bell dan melakukan eksperimen yang mengkonfirmasi "non-lokalitas" dari partikel "terjerat".

Segalanya tidak berjalan seperti yang dipikirkan Einstein dan Bell. Pada tahun 1982 Aspect menerbitkan hasilnya, yang secara definitif menetapkan bagaimana realitas kuantum diatur oleh non-lokalitas.

Eksperimen Aspect terdiri dari merangsang atom sehingga membuatnya memancarkan dua foton yang diarahkan ke arah yang berbeda. Dia menggunakan seberkas atom kalsium sebagai sumber foton. Atom-atom tereksitasi oleh laser, yang memaksa elektron dari setiap atom melompat dua orbit ke dalam.

Ketika elektron menurunkan energi yang diperlukan, ketika mendekati inti dengan dua tingkat, ia memancarkan sepasang foton, yaitu, dua kuanta cahaya.

Foton ini lahir dari lompatan kuantum yang sama, yaitu dari elektron yang sama, disebut "foton berkorelasi". Kita bisa menganggap mereka sebagai dua anak kembar yang lahir bersama dari ibu yang sama.

Kedua foton kembar ini berperilaku sesuai dengan karakteristik non-lokalitas yang kita bicarakan di bab sebelumnya, dan mengkonfirmasi non-lokalitas tingkat kuantum.

Non-lokalitas berarti bahwa pada tingkat itu tidak ada waktu atau ruang lagi: energi dan informasi tidak bergerak dengan kecepatan yang telah ditentukan, paling banyak kecepatan cahaya.

Memang, mereka tidak bepergian sama sekali: mereka ada di sini dan di sana, pada saat yang sama. Mereka juga hidup dalam “sekarang” yang abadi, karena pada tataran non-lokal tidak ada sebelum dan sesudah. Memang, kalau kita mau lebih tepatnya, "sekarang" pun tidak ada.

Sifat-sifat menakjubkan ini memperjelas mengapa apa yang disebut teori "keterikatan kuantum" menghadapi begitu banyak kesulitan untuk memantapkan dirinya.

Hari ini, sekitar tiga puluh tahun kemudian, eksperimen Alain Aspect telah diulang dalam banyak cara dan kesempatan. Ia telah menciptakan "keterikatan" tidak hanya antara dua, tiga atau lebih partikel, tetapi baru-baru ini antara jutaan partikel.

Prinsip di balik belitan kuantum.

Jika kita mengamati dua foton yang diciptakan bersama, kita melihat bahwa mereka mempertahankan ikatan misterius di antara mereka, seolah-olah mereka adalah dua manusia kembar. Tapi tidak seperti dua manusia kembar: lebih banyak lagi.

Menurut aturan fisika, setiap foton dapat memiliki nilai, yang disebut "spin". Pada level matematis, nilai putaran kedua foton sama dengan "satu setengah", dan bisa positif (+1/2) atau negatif (-1/2).

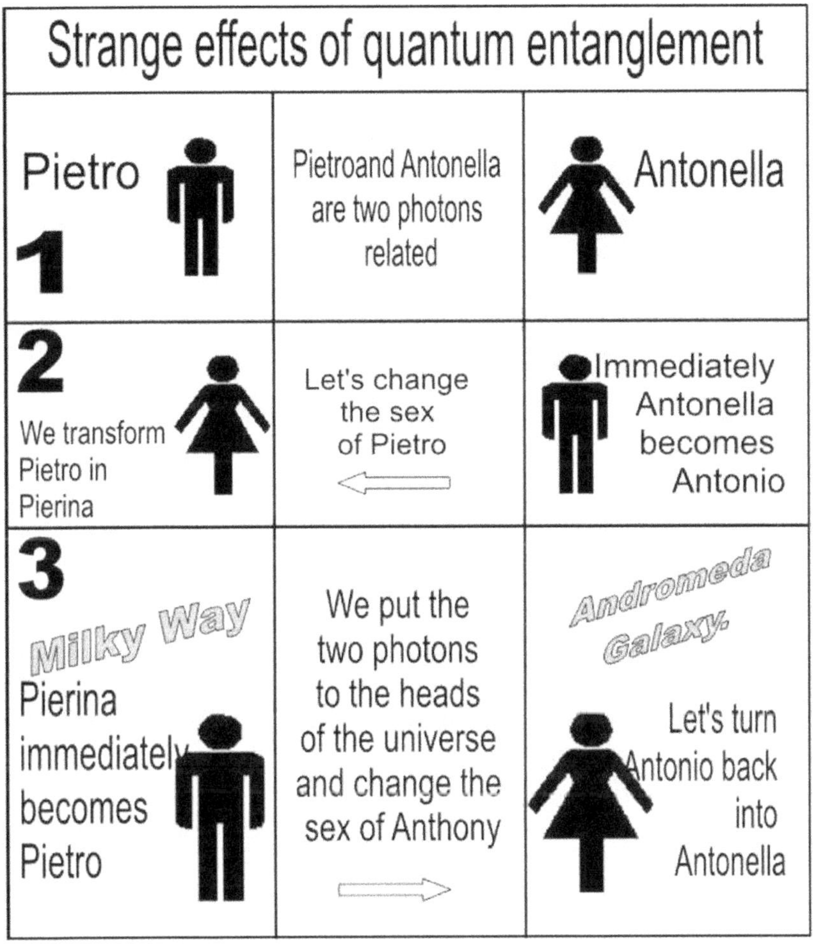
Strange effects of quantum entanglement
Pietro
1
Pietroand Antonella
are two photons
related
Antonella
2
We transform
Pietro in
Pierina
Let's change
the sex
of Pietro
Immediately
Antonella
becomes
Antonio
3
Milky Way
Pierina
immediately
becomes
Pietro
We put the
two photons
to the heads
of the universe
and change the
sex of Anthony
Andromeda
Galaxy.
Let's turn
Antonio back
into
Antonella

Gambar 35. Dua foton terkait, meskipun dipisahkan oleh jarak yang sangat jauh, terus berperilaku seolah-olah mereka adalah satu. Ini menegaskan non-lokalitas realitas yang disebut "terjerat", yang tidak tunduk pada aturan ruang dan waktu.

1 Pietro dan Antonella adalah dua foton terkait related

2 Mari kita ubah jenis kelamin Pietro, yang menjadi Pierina. Antonella segera berganti kelamin dan menjadi Antonio.

3 Kami menempatkan dua foton di ujung alam semesta dan mengubah jenis kelamin Antonio. Antonio menjadi Antonella. Pada saat yang sama, di ujung lain alam semesta, Pierina berubah jenis kelamin dan menjadi Pietro.

Ini adalah nilai-nilai yang berlawanan. Untuk lebih memahami satu sama lain, kami akan memberikan contoh dengan membayangkan bahwa kedua foton itu disebut Peter dan Antoinette, yaitu satu laki-laki dan yang lainnya perempuan.

Setelah dihasilkan, kedua foton meledak dalam dua arah yang berlawanan, masing-masing dengan sendirinya. Untuk saat ini, satu-satunya ikatan yang kami kaitkan dengan dua foton adalah bahwa mereka lahir dari ayah (atau ibu, jika Anda suka) elektron yang sama. Jadi mereka dikatakan "berhubungan".

Apa yang terjadi jika kita membuat Pietro berganti kelamin sehingga dia menjadi Pierina?

Segera Antonietta juga berubah jenis kelamin dan menjadi Antonio!

Anda mungkin berpikir: Di SD, Antonietta sangat dekat dengan Pietro, jadi dia menyadarinya dan mengubah jenis kelaminnya juga, sebagai reaksi atas keterkejutannya.

Tetapi jika kita ulangi eksperimen yang menahan Pierina di sini dan memindahkan pria Antonio ke ujung dunia yang lain, hal yang sama terjadi.

Kemudian seorang pengamat mungkin keberatan:

- Namun, jika Antonio berada di sisi lain dunia, dia hanya akan melihat perubahan setelah waktu tertentu.

Salah. Antonio berganti kelamin pada saat yang sama dengan Pierina. Tidak ada penundaan. Tidak masalah pada jarak berapa mereka berada di alam semesta. (Lihat gambar 35).

Ketidaksetiaan foton terjerat.

Mari kita bayangkan sekarang bahwa Pietro harus melakukan perjalanan bisnis. Dia akan meninggalkan Antonietta di rumah sendirian. Dalam perjalanannya ia bertemu Luigina, yang merupakan bagian dari pasangan lain. Faktanya, Luigina "terjerat" dengan Marco.

Seperti yang terjadi, pada saat yang sama Marco juga sangat jauh dari Luigina. (Lihat gambar 36). Ini akan menjadi simpati, itu akan menjadi jarak, Pietro dan Luigina menjadi "terjerat" satu sama lain.

Apakah menurut Anda Antonella dan Marco akan menderita pengkhianatan dan akan marah karena cemburu? Tidak semuanya. Antonella segera "terjerat" dengan Marco, meskipun dia belum pernah melihatnya seumur hidupnya.

Jadi, jika kita mengubah jenis kelamin Antonella dengan membuatnya menjadi Antonio, Marco menjadi Marcella juga, Pietro menjadi Pierina dan Luigina menjadi Luigi.

Rumit? Mungkin ya, tapi begitulah cara kerja antar partikel.

Untungnya, kata Anda, itu hanya terjadi di antara dua partikel yang terkait. Tentu saja, tetapi sebenarnya semua partikel alam semesta terkait, karena semuanya berasal dari Big Bang yang sama.

Inilah sebabnya mengapa di alam semesta non-lokal semuanya adalah satu, tidak ada yang independen. Kita semua terhubung dengan seluruh alam semesta. Di tingkat non-lokal, tidak ada hambatan pengetahuan atau hambatan waktu. Di non-lokal, semua pengetahuan tentang alam semesta tersedia secara bersamaan.

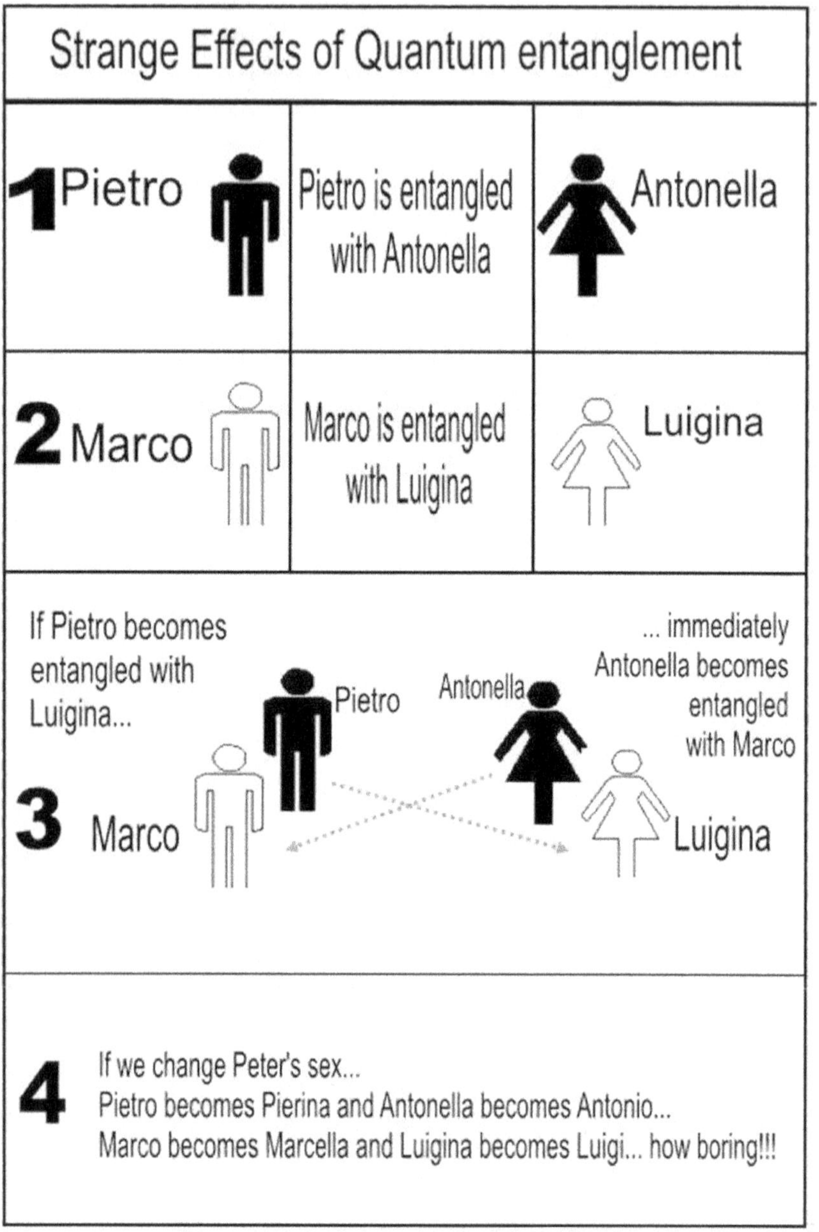
Strange Effects of Quantum entanglement
1
Pietro
Pietro is entangled with Antonella
Antonella
2
Marco
Marco is entangled with Luigina
Luigina
If Pietro becomes entangled with Luigina...
... immediately Antonella becomes entangled with Marco
Pietro
Antonella
3
Marco
Luigina
4
If we change Peter's sex...
Pietro becomes Pierina and Antonella becomes Antonio...
Marco becomes Marcella and Luigina becomes Luigi... how boring!!!

Gambar 36. Efek aneh dari belitan. Keterikatan antara lebih dari dua foton terkait.

1 Pietro terjerat dengan Antonella

2 Marco terjerat dengan Luigina.

3 Jika peter terjerat dengan Luigina, Marco segera terjerat dengan Antonella.

4 Jika kita mengubah jenis kelamin Pietro... Pietro menjadi Pierina, Anronella menjadi Antonio, Marco menjadi Marcella. Luigina menjadi Luigi.

Semua jelas?

Kami tenggelam dalam pengetahuan universal ini dan kami adalah bagian darinya. Tidak jarang remah-remah pengetahuan ini menyelinap dari pikiran non-lokal ke pikiran sadar kita.

Sebuah pertanyaan yang banyak ditanyakan adalah: apakah semua partikel yang "mengubah jenis kelamin" ini menyebabkan reaksi apa pun di alam semesta? Pasti tidak.

Apa yang telah kami usulkan, dalam contoh, sebagai perubahan jenis kelamin, sebenarnya adalah perubahan putaran, yaitu, kebalikan dari arah rotasi.

Ke arah mana pun partikel berputar, mereka tidak menghasilkan efek signifikan pada fungsi alam semesta, selama mereka terus berputar.

Kami telah menetapkan beberapa konvensi. Akibatnya, segala sesuatunya harus berputar dalam arti tertentu, hanya karena kita terbiasa melihatnya berubah seperti ini.

Bayangkan seorang juru masak yang memutar mayones dari kanan ke kiri, atau juru masak lain yang mengubahnya dari kiri ke kanan. Apakah Anda pikir sesuatu akan berubah dalam hasil akhir?

Jika tiba-tiba pemerintah memutuskan bahwa jarum jam harus berputar berlawanan arah jarum jam, apakah waktu berjalan secara berbeda?

Implikasi dari "belitan kuantum".

Keterikatan semua ada di sini, tapi mari kita lihat apa konsekuensinya. Yang pertama adalah bahwa kepercayaan yang paling penting dari fisika tradisional dibongkar.

1 - "! Keterikatan kuantum" meniadakan determinisme

"! Keterjeratan kuantum" menyangkal determinisme, yaitu, fungsi mekanis alam semesta.

Kausalitas, yang merupakan sifat dasar fisika klasik, menetapkan bahwa informasi, untuk melakukan perjalanan antara dua benda, harus diangkut oleh media fisik.

Selanjutnya, kecepatan pesan tidak akan pernah melebihi kecepatan cahaya yaitu 300.000 kilometer per detik. Namun dalam belitan tidak ada kabel yang menghubungkan Pietro dan Antonella. Lebih jauh lagi, mereka terjadi pada saat yang sama, yaitu, informasi bergerak jauh lebih cepat daripada cahaya.

2 - Keterikatan kuantum membongkar panah waktu

Sebagian kecil waktu harus berlalu antara tindakan dan responsnya, bahkan waktu yang minimal, karena pertama-tama fakta terjadi dan kemudian konsekuensi terjadi. Tapi jawaban Antonella untuk Pietro (atau sebaliknya) tidak memakan waktu lama, mereka terjadi pada saat yang sama.

3 - Di non-lokalitas tidak ada ruang dan waktu

Partikel dasar hidup dalam dimensi di mana waktu dan ruang tidak ada: mereka terjerat satu sama lain di luar ruang dan waktu.

Bagaimana ini mungkin? Bagaimana Antonella dan Pietro memperhatikan perubahan partikel lain, dari mana asalnya dan bagaimana pengetahuan ini terbentuk?

Salah satu jawaban meramalkan bahwa keduanya terpisah hanya dalam penampilan, tetapi terus menjadi satu seperti pada elektron yang menghasilkannya.

Atau, meskipun terpisah, mereka disatukan oleh satu Pikiran universal yang agung sehingga mereka dapat berkomunikasi seolah-olah mereka masih bersatu dalam elektron dari mana mereka dilahirkan. Mereka tidak memiliki dua "pikiran" yang terpisah, tetapi mereka adalah bagian dari "pikiran" yang sama. Tingkat non-lokal adalah satu-satunya pikiran alam semesta yang agung.

The three levels of reality or cosmology of reality.		
1	**2**	**3**
Physical level or physical cosmos.	Quantum level or quantistic cosmos.	Non-local level or psychic cosmos

Level of things subject to the rules of time and space.	Middle Earth. Things subject to non-locality rules.	Level of pure psyche not subject to the rules of time and space.

Gambar 37. Tiga tingkat realitas. Dengan mengacu pada hasil eksperimen tentang keterjeratan, kita dapat mengkonfirmasi dengan pasti adanya tiga tingkat realitas. Dari tingkatan tersebut, hingga beberapa dekade yang lalu, kita hanya mengetahui yang pertama.

1 Tingkat fisik, atau "alam semesta yang terbuat dari materi".

Tingkat ini harus mematuhi hukum fisika Newtonian.

2 Tingkat kuantum partikel subatom. (Dunia tengah). Partikel dasar materi tidak mematuhi hukum fisika Newton.

3 Tingkat "non-lokalitas". Tingkat ini murni psikis dan tidak mematuhi hukum materi apa pun..

Bagian keenam. Persepsi ekstra-indera.

"Science cannot solve the ultimate mystery
of nature. And that is because, in the last analysis,
we ourselves are a part of the mystery
that we are trying to solve."
(Max Planck, initiator of quantum physics)

"Ilmu pengetahuan tidak dapat memecahkan misteri
alam yang paling dalam.
Dan ini karena, pada akhirnya, kita sendiri adalah
bagian dari misteri
yang kami coba pecahkan."
(Max Planck, penggagas fisika kuantum)

Berbicara tentang persepsi ekstrasensor, kita terutama dapat mengajukan tiga pertanyaan:

- Apakah mereka benar-benar ada?
- Bagaimana mereka terjadi?
- Apa sebenarnya mereka?

Jika kita mempertimbangkan semua yang telah kita katakan sejauh ini, tidak banyak yang tersisa untuk dikatakan tentang dua pertanyaan pertama. Jelas bahwa persepsi ekstrasensor benar-benar ada. Mereka terjadi sebagai episode komunikasi antara hati nurani individu dan tingkat non-lokal.

Indera keenam dan ketujuh.

Kami selalu diberitahu, sejak zaman Aristoteles, bahwa tubuh manusia memiliki lima indera: penglihatan, pendengaran, sentuhan, rasa, bau. Indera-indera inilah yang memungkinkan kita untuk berinteraksi secara fisik dengan dunia sekitarnya, untuk mendapatkan informasi yang berguna untuk bertahan hidup.

Dalam kebijaksanaan populer ada juga "indra keenam". Indra keenam tidak membutuhkan perantara fisik (tangan, lidah, mata, dll) untuk melakukan tugasnya. Namun, ia melakukannya dengan sangat baik. Ini tentang intuisi.

Gambar 38. Carl Gustav Jung merumuskan teori arketipe dan ketidaksadaran kolektif.

Intuisi adalah kekayaan pengetahuan yang telah kita kumpulkan dalam pengalaman hidup kita, dan itu berhasil menyarankan kepada kita cukup sering apa yang bisa kita percayai dan apa yang tidak bisa kita percayai. memungkinkan Anda untuk memutuskan apa yang harus dilakukan dan apa yang tidak. Pada akhirnya, ini membantu kita memahami bagaimana mengambil risiko sesedikit mungkin dalam menghadapi situasi yang tidak pasti.

Semakin besar pengalaman kita, semakin banyak intuisi bekerja. Oleh karena itu intuisi, jika di satu sisi dapat dianggap ekstrasensor karena tidak dimediasi oleh organ fisik apa pun, di sisi lain bukan karena dua alasan yang baik.

Yang pertama adalah bahwa itu tidak menambah pengetahuan yang tidak diketahui dan eksternal ke pengetahuan kita. Lebih sederhana, ini menguraikan kembali informasi yang sudah kita miliki. Alasan kedua adalah bahwa intuisi dimediasi oleh otak kita, yang memiliki konsistensi fisiknya sendiri

Oleh karena itu, indra keenam beroperasi secara rasional pada data yang diketahui.

Sebaliknya, "indra ketujuh" bekerja dalam kesadaran kita. Perasaan ini memproses informasi, dengan cara yang sama sekali tidak rasional dan tidak terduga. Ini adalah informasi yang bahkan tidak pernah terlintas di otak kita. Artinya, indra ketujuh memperkenalkan kita pada realitas yang sama sekali asing bagi kehidupan sehari-hari dan pengalaman kita.

kosmos.

Istilah "kosmos" dalam filsafat berarti sistem yang teratur atau harmonis. Asal kata adalah kósmos Yunani yang berarti ketertiban. Dalam bahasa ilmiah kosmos dianggap identik dengan alam semesta.

Kosmologi mempelajari struktur material dan hukum-hukum yang mengatur alam semesta yang dipahami sebagai satu kesatuan yang teratur. Di bidang filosofis ia tertarik pada alam semesta yang mengacu pada ruang, waktu, dan materi.

Kosmologi memiliki asal-usul historisnya dalam narasi keagamaan yang berhubungan dengan asal usul segala sesuatu, dan dalam sistem filsafat-ilmiah pra-modern, seperti sistem Ptolemeus.

Kosmologi astronomi modern, di sisi lain, adalah ilmu yang mempelajari alam semesta secara keseluruhan, asal-usulnya, dan evolusinya. Dalam pengertian ini, ia terkait erat dengan kosmologi filosofis, tetapi cenderung mengoreksi banyak teori metafisik atau agama tentang asal usul dunia.

Kosmologi saat ini merupakan ilmu fisika di mana berbagai disiplin ilmu bertemu, seperti astronomi, astrofisika, fisika partikel, dan relativitas umum.

Dalam buku ini kita berbicara tentang kosmos dengan menyatukan dalam istilah ini himpunan semua realitas:

- alam semesta yang terlihat (kosmos fisik)
- tingkat partikel dasar (kuantum kosmos)
- tingkat non-lokalitas (kosmos psikis).

Definisi persepsi ekstrasensor.

Istilah indra ketujuh dapat dengan baik mendefinisikan beberapa sifat yang lebih dikenal secara ilmiah sebagai persepsi ekstrasensor, atau ESP (singkatan dari Extra Sensory Perception). Ini adalah:

- Pengetahuan sebelumnya, atau kemampuan untuk memprediksi masa depan.
- Clairvoyance, atau kemampuan untuk melihat secara visual hal-hal yang biasanya tidak terlihat.
- Telepati, atau kemampuan untuk berkomunikasi dengan mengirimkan pikiran.

Bidang studi persepsi ekstrasensor biasa disebut parapsikologi.

Kemampuan ini sering dianggap sebagai "informasi yang mengalir dari luar ke dalam pikiran".

Jenis lain dari ESP, telekinesis, dianggap sebagai "informasi yang mengalir keluar dari pikiran".

Faktanya, telekinesis terdiri dari kemampuan untuk mempengaruhi materi dengan kekuatan pikiran, dan diekspresikan dengan fenomena fisik, dari levitasi ke bilokasi hingga pembengkokan benda logam, hingga teleportasi, hingga perjalanan waktu.

Sejauh menyangkut prekognisi, clairvoyance dan telepati, banyak penelitian telah dilakukan, terutama pada abad ke-19 dan ke-20, untuk memverifikasi kesesuaiannya dengan kenyataan. Metode verifikasi eksperimental yang paling populer adalah apa yang disebut eksperimen ganzfeld.

Percobaan ganzfeld.

"Ganzfeld" adalah istilah Jerman yang berarti "bidang seragam". Istilah ini diciptakan pada tahun 1930 oleh Wolfgang Metzer, seorang psikolog Jerman dan salah satu pendiri Sekolah Gestalt Berlin. Menunjukkan bidang persepsi yang dibangun dengan metode eksperimental untuk menciptakan kondisi optimal untuk mempelajari persepsi ekstrasensor.

Dalam satu percobaan ganzfeld, subjek yang akan diperiksa memiliki headphone di telinganya. Plus, ia memiliki setengah bola pingpong di setiap matanya. Suara putih keluar dari headphone. Lampu merah intens ditempatkan di depan wajah yang menyaring bola pingpong. Dengan cara ini kami ingin memastikan isolasi dari segala kemungkinan gangguan eksternal.

Setelah waktu tertentu yang dihabiskan dalam keadaan ini, upaya dilakukan untuk mengirimkan gambar ke subjek dengan saluran ekstrasensor, misalnya melalui telepati.

Sementara seseorang yang berada di tempat yang berbeda berfokus pada gambar yang akan ditransmisikan, orang yang menerima menggambarkan apa yang dia lihat dalam pikirannya.

Di akhir upaya transmisi, sutradara menunjukkan empat gambar kepada subjek dan memintanya untuk menunjukkan gambar yang paling dekat dengan gambar yang diterima. (Lihat gambar 39).

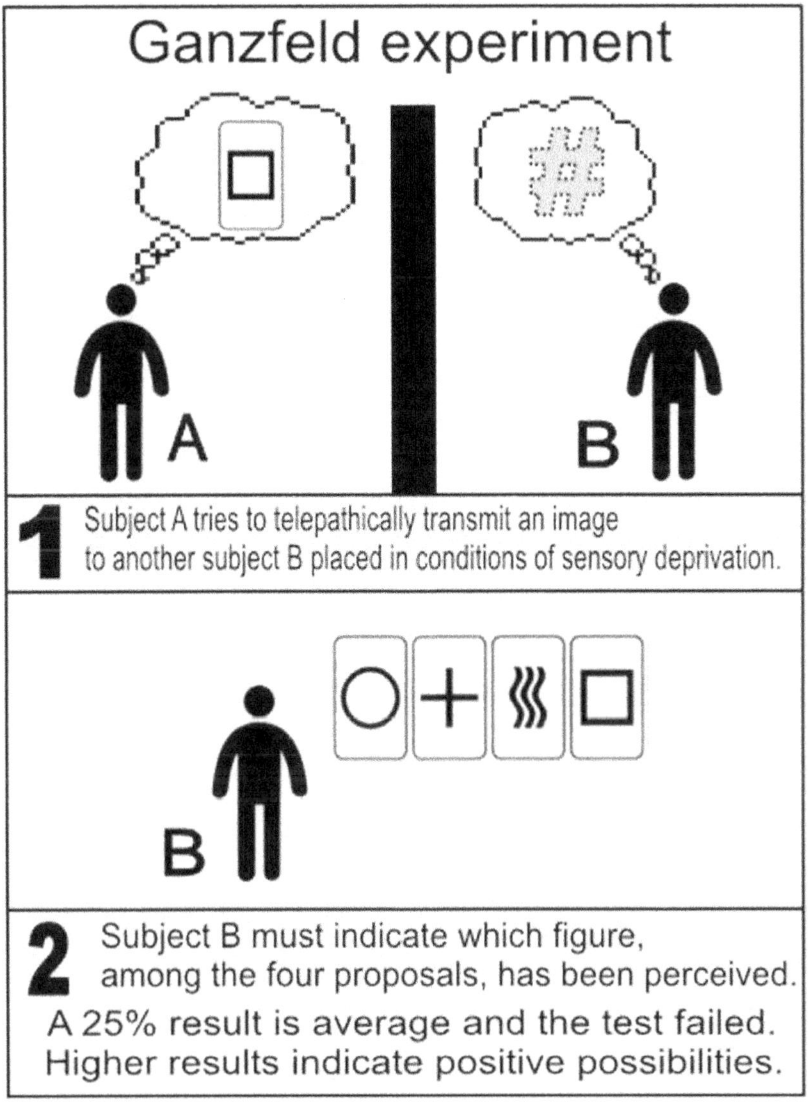
Ganzfeld experiment
A
B
1 Subject A tries to telepathically transmit an image
to another subject B placed in conditions of sensory deprivation.
B
2 Subject B must indicate which figure,
among the four proposals, has been perceived.
A 25% result is average and the test failed.
Higher results indicate positive possibilities.

Gambar 39. Mekanisme pelaksanaan eksperimen ganzfeld yang khas.

1- Relawan A mencoba mengirimkan gambar secara telepati ke relawan B. Kedua relawan tersebut ditempatkan di ruangan yang berbeda. Ada empat gambar yang tersedia.

2 - Relawan B harus menunjukkan gambar mana yang dia rasakan. Hasil rata-rata harus 25%. Tes berhasil hanya jika hasilnya lebih besar dari 25%.

Dalam kasus ini, tingkat keberhasilan statistik akan menjadi 25% (satu dari empat kali). Oleh karena itu, jika penerima menebak gambar dalam 25% kasus, hasilnya sama dengan rata-rata statistik dan eksperimen gagal.

CICAP (Komite Italia untuk Kontrol Klaim tentang Pseudoscience), sehubungan dengan eksperimen ini, menulis di situs webnya:

> "In the first ganzfeld experiments the success rate was 33-34%. We then found ourselves faced with a statistical anomaly which, according to some, proves the existence of non-normal channels of information communication"

> *"Dalam percobaan ganzfeld pertama, tingkat keberhasilannya adalah 33-34%. Oleh karena itu kami dihadapkan pada anomali statistik yang, menurut beberapa orang, membuktikan adanya saluran komunikasi informasi yang tidak "normal".*

Pada tahun 1994 Bern dan Honorton menerbitkan sebuah artikel berjudul "Apakah persepsi ekstrasensor ada? Sebuah tes berulang dari proses transfer informasi yang abnormal ".

Kesimpulan ini kemudian banyak dikritik oleh para sarjana lain.

Memang, dalam semua eksperimen tentang bidang psikis selalu ada masalah pengulangan. Ini tergantung pada fakta bahwa emosi memainkan perannya dalam cara yang menentukan, seperti yang telah kita lihat di Bab 9.

Setiap kontak dengan non-lokal disukai oleh kondisi stres tertentu atau saat-saat kritis dalam hidup. Kita tahu bahwa fenomena telepati benar-benar lebih sering terjadi di antara orang-orang yang diikat oleh ikatan persahabatan atau kekerabatan yang kuat, mencapai puncaknya antara ibu dan anak.

Sebaliknya, dalam eksperimen, seringkali orang yang tidak dikenal diminta untuk "dengan dingin" berbagi gambar yang biasanya tidak memiliki makna emosional.

Masalah lain datang dari kebiasaan dan kecanduan. Orang yang terus-menerus mengulangi eksperimen yang sama merasa semakin tidak terlibat. Artinya, orang akhirnya menyerah pada kebosanan.

Telepati

Telepati, juga disebut transmisi pikiran, adalah kemampuan untuk berkomunikasi dengan pikiran, tanpa menggunakan alat atau perangkat lain yang menciptakan hubungan fisik antara orang-orang yang terlibat. Istilah ini berasal dari dua kata Yunani. Yang pertama adalah "tele" yang artinya jauh. Yang kedua adalah "patheia" yang berarti perasaan, persepsi.

Pada dasarnya telepati adalah tentang fakta bahwa dua orang yang terpisah secara fisik dapat berhubungan satu sama lain. Ini terjadi terlepas dari jarak atau keadaan.

Kemampuan untuk berbagi emosi dan perasaan di kejauhan ini sangat ditentang oleh ilmu materialistis. Faktanya, telepati bertentangan dengan asumsi bahwa tidak ada yang ada di luar otak: pikiran, emosi, keinginan, dan segala sesuatu yang bersifat psikis lahir di dalam tengkorak dan mati di tempat yang sama.

Menurut ilmu materialistis, tidak ada "pikiran" yang mampu berkibar dari satu otak ke otak lainnya. Setiap pengalaman telepati dianggap, dalam kasus yang paling baik hati, sebagai ilusi. Seringkali, jika seseorang menyaksikan episode telepati, seseorang dianggap sebagai korban gangguan kepribadian skizoid.

Meskipun demikian, banyak orang mengaku memiliki pengalaman telepati. Dalam berbagai survei yang dilakukan di AS atau Inggris, 40 hingga 60% responden mengatakan bahwa mereka memiliki pengalaman telepati pribadi.

Tampaknya ada dua jenis telepati. Tipe pertama adalah yang terjadi antara orang-orang yang dekat secara fisik, yang saling mengenal dan sudah berinteraksi satu sama lain. Ini adalah kasus klasik di mana yang satu mengatakan kepada yang lain "Anda membaca pikiran saya" yang berarti bahwa niatnya telah dipahami dan diuraikan dengan sempurna.

Kasus kedua berkaitan dengan dua orang yang jauh secara fisik. Itu terjadi ketika seseorang mendengar "panggilan" yang lain. Panggilan ini bisa berupa pikiran yang mengikat mereka, atau citranya. Terkadang panggilan terjadi dengan mendengar suara pemanggil. Ini kebanyakan terjadi di antara orang-orang yang memiliki hubungan dekat, terutama ketika kondisi kebutuhan atau bahaya muncul.

Eksperimen Joseph Rhine.

Eksperimen klasik dalam telepati dilakukan melalui gambar. Seseorang, ditempatkan di ruangan yang terisolasi, memilih objek dan membuat sketsanya. Kemudian ia berkonsentrasi pada transmisi sosok yang dihasilkan ke orang yang menerima, ditempatkan di ruangan lain.

Orang kedua ini mencoba menerima dan meniru sosok yang telah diturunkan kepadanya. Pada akhirnya, gambar dibandingkan untuk mengidentifikasi semua aspek umum.

Studi pertama tentang telepati dilakukan oleh British Society for Psychical Research pada akhir 1800-an.

Pada tahun 1930 laboratorium parapsikologi pertama dibuat di Duke University di Durham, AS, di mana eksperimen menggunakan kartu Zener dilakukan oleh Joseph Rhine yang terkenal.

Rhine adalah orang pertama yang menerapkan metode eksperimental dan statistik dalam mencari keberadaan transmisi pikiran-ke-pikiran atau telepati, yang disebutnya persepsi ekstrasensor. Dia tentu saja salah satu pelopor parapsikologi.

Kartu Zener adalah jenis kartu khusus, yang dirancang oleh Karl Zener, seorang psikolog, untuk digunakan oleh Joseph Rhine dalam eksperimennya.

Dek terdiri dari 25 kartu persegi panjang seperti kartu remi biasa. Mereka dibagi menjadi lima kelompok yang membawa tanda: Lingkaran, Salib, Kotak, Bintang, dan Gelombang. Dek mencakup 5 kelompok yang sama. (Lihat gambar 40).

Eksperimen Joseph Rhine didasarkan pada dua orang. Yang satu meminta yang lain untuk menebak kartu yang diambilnya dari geladak. Dalam eksperimen prekognisi, tak satu pun dari mereka tahu kartu itu, yang tetap dibalik

Sebaliknya, dalam eksperimen telepati, subjek pertama melihat kartu yang mana dan mencoba memberikannya secara mental kepada orang lain.

Secara alami kedua orang itu ditempatkan di ruangan yang berbeda.

Menurut hipotesis statistik, dan menurut hukum bilangan besar, peluang menebak kartu di dek harus sekitar 20% (1 banding 5).

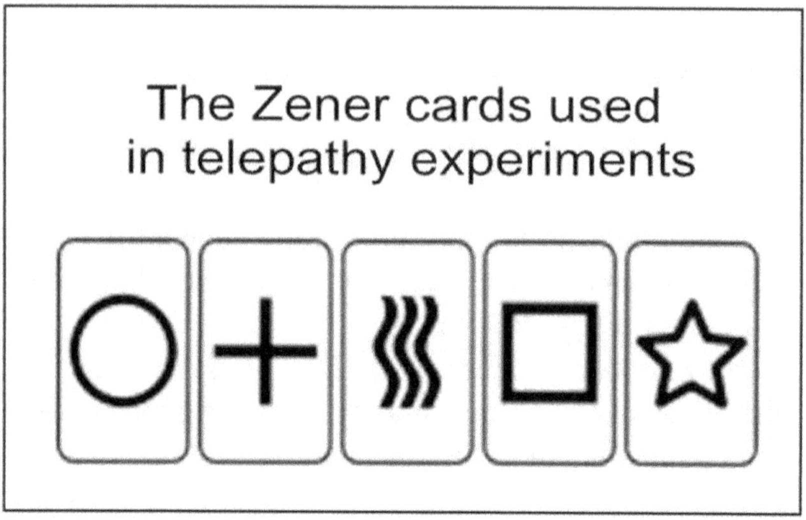

Gambar 40. Kartu Zener, digunakan dalam banyak eksperimen di bidang parapsikologis. Ini adalah serangkaian lima simbol yang diulang lima kali, dengan total 25 kartu.

Namun, Joseph Rhine mencapai penyimpangan yang jauh lebih besar daripada persentase ini. Hasil penelitiannya diterbitkan pada tahun 1940 dalam sebuah buku yang dikenal sebagai ESP-60, yang diadopsi sebagai buku teks oleh Universitas Harward untuk kursus psikologi.

Eksperimen Upton Sinclair.

Upton Beall Sinclair lahir di Baltimore pada tahun 1878. Hidup di tengah kesulitan ekonomi yang konstan, ia didorong dari masa mudanya menuju cita-cita sosialis. Dia mencapai kesuksesan besar dengan novelnya "The Jungle," tentang nasib buruk para pekerja di pasar ternak Chicago.

Buku itu dikomentari oleh Jack London "kisah Kabin Paman Tom berulang". Itu ditinjau oleh Churchill dan menerima kata-kata kekaguman hangat dari Bernard Shaw.

Pada tahun 1930, bersama istri keduanya Mary Craig Sinclair, ia melakukan eksperimen parapsikologis mengenai duplikasi gambar melalui komunikasi telepati.

Dalam bukunya Mental Radio (lihat gambar 41) ia menjelaskan eksperimen yang dilakukan. Bukunya sukses besar. Edisi Jerman menyertakan kata pengantar yang ditulis oleh Albert Einstein, yang berbunyi seperti ini:

Gambar 41. Upton Sinclair dan sampul bukunya Mental Radio yang diterbitkan pada tahun 1930 dengan kata pengantar oleh Albert Einstein.

"I have read the book of Upton Sinclair with great interest and am convinced that the same deserves the most earnest consideration, not only of the laity, but also of the psychologists by profession. The results of the telepathic experiments carefully and plainly set forth in this book stand surely far beyond those which a nature investigator holds to be thinkable. On the other hand, it is out of the question in the case of so conscientious an observer and writer as Upton Sinclair that he is carrying on a conscious deception of the reading world; his good faith and dependability are not to be doubted. So, if somehow the facts here set forth rest not upon telepathy, but upon some unconscious hypnotic influence from person to person, this also would be of high psychological interest. In no case should the psychologically interested circles pass over this book heedlessly".

"Saya telah membaca buku Upton Sinclair dengan penuh minat dan saya yakin bahwa buku itu layak mendapatkan pertimbangan tertinggi tidak hanya oleh orang awam, tetapi juga oleh psikolog profesional.

Hasil eksperimen telepati, yang dijelaskan dengan hati-hati dan jelas dalam buku ini, tentu melampaui apa yang mungkin dipikirkan oleh seorang ilmuwan. Di sisi lain, tidak mungkin seorang penulis serius seperti Sinclair sengaja melakukan penipuan dalam interpretasinya tentang dunia.

Itikad baik dan keandalannya tidak perlu diragukan lagi. Oleh karena itu, jika fakta yang dia uraikan tidak didasarkan pada telepati, tetapi pada pengaruh hipnosis yang tidak diketahui dari orang ke orang, ini akan tetap menjadi perhatian psikologis yang besar.

Lingkaran yang tertarik pada psikologi sama sekali tidak boleh mengabaikan teks ini ".

Beberapa kata dari Einstein ini adalah contoh yang sangat jelas tentang apa yang dapat membedakan seorang ilmuwan dengan pikiran yang cemerlang dari massa pikiran yang biasa-biasa saja. Einstein selalu dijiwai oleh rasa ingin tahu yang mendalam dan kehausan akan pengetahuan. Dia tidak mengesampingkan apa pun secara apriori, tetapi bagaimanapun juga dia tidak menyerah menyelidiki, bereksperimen.

Hal ini mendorongnya untuk mengembangkan teori-teori, seperti relativitas, yang tidak pernah dibayangkan oleh siapa pun dan di mana tidak seorang pun akan percaya kecuali seseorang seperti dia, sebuah pikiran yang bebas dari prasangka.

Dengan kriteria yang sama, Einstein tidak menolak secara apriori implikasi fisika kuantum. Dia merancang eksperimen EPR untuk memverifikasi seberapa nyata bahkan di luar keraguannya.

Gambar 42. René Warcollier, insinyur dan parapsikolog Prancis, dan sampul bukunya yang sukses "Mind to Mind" tentang eksperimen telepatinya, yang diterbitkan pada tahun 1948 tetapi masih dicetak ulang sampai sekarang.

Eksperimen René Warcollier.

Warcollier lahir pada 8 April 1881 di Omonville-la-Rouge di Paris. Ia menerima gelar di bidang teknik kimia pada tahun 1903 dari Ecole Nationale Supérieure de Chimie. Dia mematenkan berbagai proses yang berkaitan dengan produksi sintetis batu mulia dan menciptakan layar khusus untuk proyeksi bioskop. Dia mengambil minat aktif dalam parapsikologi, sedemikian rupa sehingga dia menjadi presiden Institut Métapsychique International.

Studi telepati utamanya melibatkan satu atau lebih "pemancar" yang mengamati gambar, sementara satu atau lebih "penerima" mencoba mereproduksinya.

Sebagian besar karyanya setelah tahun 1922 mencakup banyak pengirim dan penerima yang tersebar di seluruh wilayah Prancis; ia juga menggunakan pengirim dan penerima yang berada di negara yang berbeda, seperti Prancis dan Amerika Serikat, atau Prancis dan Inggris Raya.

Metode eksperimennya merupakan langkah maju dari yang sebelumnya karena menggunakan gambar benda nyata. Dengan demikian, Warcollier membuang metode statistik dan berusaha mendapatkan bukti langsung untuk telepati.

Dia mengklaim bahwa, menurut eksperimennya, pria mengirimkan pikiran lebih baik daripada wanita, sementara wanita adalah penerima yang lebih baik. Dia juga menyatakan bahwa orang yang lebih muda lebih

sensitif terhadap kesan mental daripada orang yang lebih tua.

Eksperimennya berfokus pada bagaimana gambar asli dianggap terdistorsi atau cacat oleh penerima. Warcollier menyadari bahwa mereka tidak sedang ditransmisikan sebagai foto utuh, tetapi berbagai komponen gambar terfragmentasi dan diacak.

Ini ditegaskan dalam ilmu saraf modern, tentang cara gambar visual dirasakan dan direkonstruksi oleh otak. Menurut Warcollier, gambar telepati muncul dari alam bawah sadar ke dalam kesadaran, dan di sini mereka diproses seperti gambar mimpi.

Oleh karena itu dia menyimpulkan bahwa gambar yang ditransmisikan secara telepati terdistorsi dan kurang jelas daripada yang biasanya dilihat dengan mata.

Warcollier menggambarkan eksperimennya dalam berbagai publikasi, terutama dalam 56 artikel dari Revue Métapsychique. Mereka juga diterbitkan dalam banyak bukunya, termasuk "La Télepathie" (1921) dan "La Métapsychique" (1940, 1946) dan terutama "Mind to Mind", diterbitkan pada tahun 1948. Buku ini masih dicetak ulang sampai sekarang. (Lihat gambar 42)..

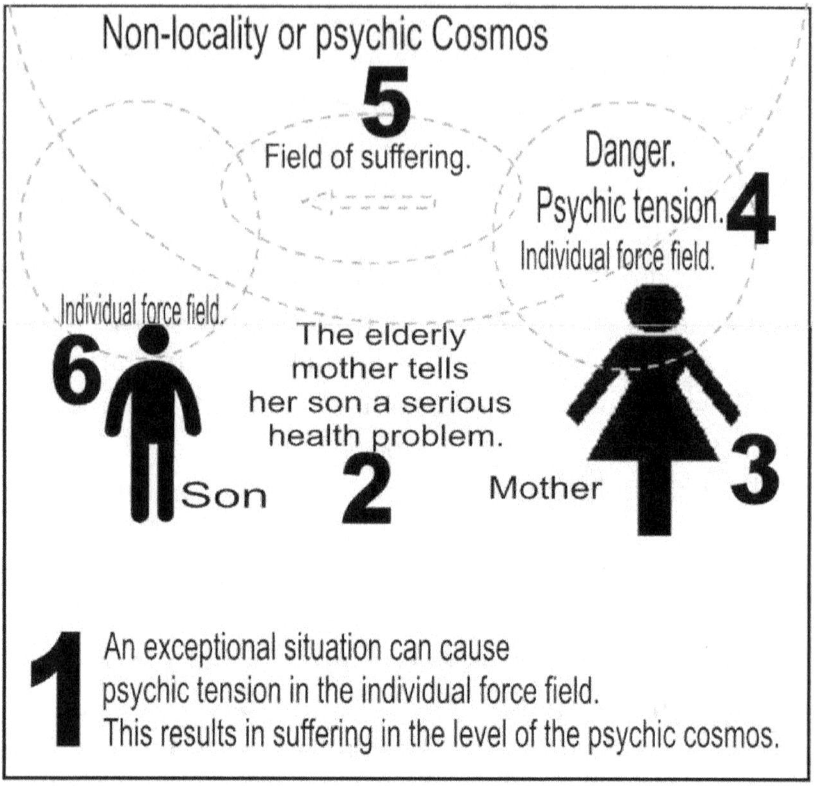
Non-locality or psychic Cosmos
5
Field of suffering.
Danger.
Psychic tension.
4
Individual force field.
Individual force field.
6
The elderly mother tells her son a serious health problem.
Son
2
Mother
3
1
An exceptional situation can cause psychic tension in the individual force field.
This results in suffering in the level of the psychic cosmos.

Gambar 43. Bagaimana telepati bisa terjadi. Medan kekuatan individu ibu berada dalam keadaan tegang karena situasi yang berpotensi berbahaya. Penderitaan diciptakan dengan bidang individu anak yang "menerima panggilan".

1 Situasi luar biasa dapat menyebabkan ketegangan di medan gaya individu. Ketegangan ini berubah menjadi penderitaan dalam kosmos psikis.

2 Ibu lansia mengomunikasikan masalah kesehatan kepada anaknya.

3-4 Medan psikis ibu dalam keadaan tegang

5-6 Melalui non-lokalitas, medan penderitaan ibu ditransmisikan kepada anak.

Keterikatan kuantum dan telepati.

Semua eksperimen yang telah kami jelaskan hanyalah beberapa yang paling terkenal. Mereka dilakukan oleh ulama yang belum tahu belitan.

Konfirmasi keterjeratan kuantum memungkinkan semua asumsi tentang realitas non-lokal, yaitu tentang kosmos psikis di mana ide dan pikiran dapat beredar dengan bebas. Sirkulasi juga dapat terjadi dalam bentuk transmisi telepati.

Kita dapat membayangkan medan kekuatan, yang terhubung dengan setiap orang, yang menghubungkan realitas fisik mereka, yaitu pikiran dan kesadaran mereka, dengan kosmos psikis di mana mereka dapat bersentuhan dengan semua medan kekuatan alam semesta.

Semakin banyak dua orang yang dihubungkan bersama, semakin banyak medan gaya mereka berkomunikasi. Komunikasi ini, lahir di tingkat fisik kita, berlanjut di tingkat non-lokal, yaitu, di kosmos psikis.

Dalam semua percobaan selalu ditemukan bahwa fenomena telepati semakin kuat, semakin antara dua orang ada ikatan persahabatan atau kekerabatan, dengan maksimal antara ibu dan anak.

Pada Gambar 43 seorang ibu lanjut usia sedang mengalami masa sulit karena kecelakaan atau penyakit serius. Medan kekuatan individunya, yang diisi dengan ketegangan, memberi energi dan mengirimkan alarm ke medan individu anak.

Medan penderitaan terbentuk di antara kedua kubu. Anak merasakan situasi serius sebagai "panggilan" yang dapat dibuat eksplisit dengan cara yang berbeda: dia mendengar suara ibu, melihatnya, melihat situasi berbahaya secara detail, melihat gambar simbolis yang membuatnya membayangkan bahaya.

Situasi yang sama juga sangat umum di antara anak kembar.

Ada banyak kasus anak kembar yang, meskipun berpisah setelah lahir, telah mencatat kesamaan yang luar biasa dalam perilaku mereka dalam hidup mereka. Banyak yang percaya bahwa ini adalah kebetulan yang aneh tetapi mungkin.

Saya dapat mengutip, sebagai contoh, kasus si kembar dari Ohio (AS), Jim Lewis dari Dayton dan Jim Springer dari Lima, yang terpisah sejak lahir dan tidak saling mengenal. Daftar pertandingan sebenarnya sangat kaya. Dilaporkan oleh dua cendekiawan yang tertarik pada kasus ini, Colin Wilson dan Damon Wilson dalam "The great book of unsolved mysteries".

Keduanya telah dibaptis Jim oleh orang tua angkat mereka.

Keduanya memiliki kebiasaan menggigit kuku dan menderita atau pernah menderita migrain.

Mereka berdua merokok dengan merek rokok yang sama.

Mereka berdua memiliki semangat yang sama untuk DIY.

Keduanya menghabiskan liburan mereka di area yang sama.

Mereka berdua memanggil anak-anak mereka James Allan.

Mereka berdua memiliki seekor anjing bernama Toy.

Keduanya pernah bekerja di McDonald's, di pom bensin (bukan dari rantai yang sama) dan sebagai pembantu sheriff.

Keduanya telah berpisah dan menikah lagi.

Istri pertama dan kedua mereka memiliki nama yang sama (Linda dan Betty).

Pendapat saya adalah bahwa dalam hidup mereka, si kembar ini terus, mungkin secara tidak sadar, mempertahankan hubungan telepati, yang telah membuat mereka mengadopsi pilihan hidup yang sangat mirip.

Kebetulan sensorik antara kembar.

Situs CICAP melaporkan contoh kebetulan sensorik antara kembar, mendefinisikan mereka sebagai "sangat mencolok"

> "These are cases, also decidedly sensational, presented both by pairs of twins MZ (*monozygotic*) still joined, and by twins always MZ naturally and voluntarily separated in adulthood. They usually take the form of unusual coincidences in the perception of sensations that seem to derive from experiences that only one of the twins is actually experiencing, but that the other also experiences without apparent reason. This is the case, for example, of the labor pains that appeared prematurely in one of the twins and were also perceived by the other (not pregnant) who was miles away and completely unaware of the event. Like the case of Thelma Furness, who had to face a premature birth while she was in Europe, while her twin in New York Gloria Vanderbilt, totally unaware of the emergency childbirth, felt severe abdominal pains. Or the sudden fall of a twin in conjunction with a similar accident that happened to the

other that was several kilometers away. Like the case of Ross Mc Whirter, shot in the head in London on the evening of November 27, 1975, while his brother Norris, an identical twin who was 30 miles away, suffered severe headache at the same time".
(https://www.cicap.org/n/articolo.php?id=273421)

"Ini benar-benar kasus yang sensasional, dihadirkan oleh pasangan kembar MZ (monozigot) yang masih bersatu dalam hidup, tetapi juga oleh kembar MZ yang terpisah saat dewasa.
Mereka biasanya bermanifestasi sebagai perasaan yang hanya dialami oleh salah satu dari si kembar. Namun, yang lain juga mengalaminya tanpa sebab yang jelas.
Ini adalah kasus, misalnya, rasa sakit saat melahirkan yang muncul sebelum waktunya pada salah satu dari si kembar dan juga dirasakan oleh yang lain (tidak hamil) yang bermil-mil jauhnya dan sama sekali tidak menyadari kejadian tersebut.
Seperti kasus Thelma Furness yang menghadapi kehamilan prematur saat berada di Eropa dan saudara kembarnya di New York Gloria Vanderbilt. Gloria, sama sekali tidak menyadari kelahiran prematur, mengalami sakit perut yang parah.
Atau kecelakaan mendadak salah satu dari si kembar sementara kecelakaan serupa terjadi pada kembaran kedua, beberapa kilometer

jauhnya. Seperti kasus Ross Mc Whirter, yang tertembak di kepala di London pada malam 27 November 1975, sedangkan saudaranya Norris, kembar identik yang berjarak 30 mil, juga menderita sakit kepala yang parah"

Medan gaya individu.

Konsep medan gaya individu, yang dikutip dalam Gambar 43, layak untuk dipelajari lebih lanjut.

Medan gaya terdiri dari energi dan informasi. Akibatnya, medan gaya seseorang mengandung energinya dan semua informasi yang berkaitan dengan "Ego" dan "Dirinya".

Informasi ini adalah kisahnya, pengalamannya, siapa dia, siapa dia dan akan jadi apa dia. Energi adalah komponen yang membuat informasi ini hidup dan beroperasi. Energi dan informasi makhluk hidup tidak akan ada jika orang ini tidak memiliki tubuh fisik.

Faktanya, informasi tersebut diberikan oleh keterikatan yang menghubungkan dan menjalin dalam satu kesatuan besar semua partikel yang merupakan bagian dari tubuh fisiknya saat ini, tetapi juga yang telah menjadi bagian darinya di masa lalu.

Kita telah melihat bagaimana dua foton "lahir bersama" tetap terikat oleh ikatan yang bukan fisik tetapi psikis, yang menentukan perilaku seperti itu, seolah-olah mereka adalah satu, bahkan jika dipisahkan.

Ikatan ini berlaku tidak hanya untuk dua partikel, tetapi untuk semua partikel yang dalam beberapa cara dilahirkan bersama, atau dalam hal apa pun telah berbagi kelahiran dan keberadaannya dengan yang lain.

Kita telah mengamati bahwa semua materi alam semesta, yang terdiri dari partikel-partikel yang lahir dari ledakan energi awal dalam Dentuman Besar, terhubung satu sama lain sehingga membentuk anima mundi dalam dimensi non-lokal, suatu pikiran universal yang agung. Pikiran ini terdiri dari semua informasi dan semua energi alam semesta.

Pada tingkat paling bawah kita mempertimbangkan semua partikel yang telah atau akan menjadi bagian dari makhluk hidup. Ini merupakan semua informasi dan semua energinya. Dapat dikatakan bahwa mereka merupakan Anima mundi pribadinya. Mungkin, mereka hanya membuat jiwanya.

Dalam Gambar 44 Anima mundi dari individu tunggal, yang dengan perumpamaan kita dapat memanggil jiwa saja, adalah benar-benar pribadi karena mengandung semua informasi dan sejarahnya. Ini terkandung dalam materi yang membentuk tubuhnya, dan dihubungkan oleh belitan yang tidak dapat dilenyapkan.

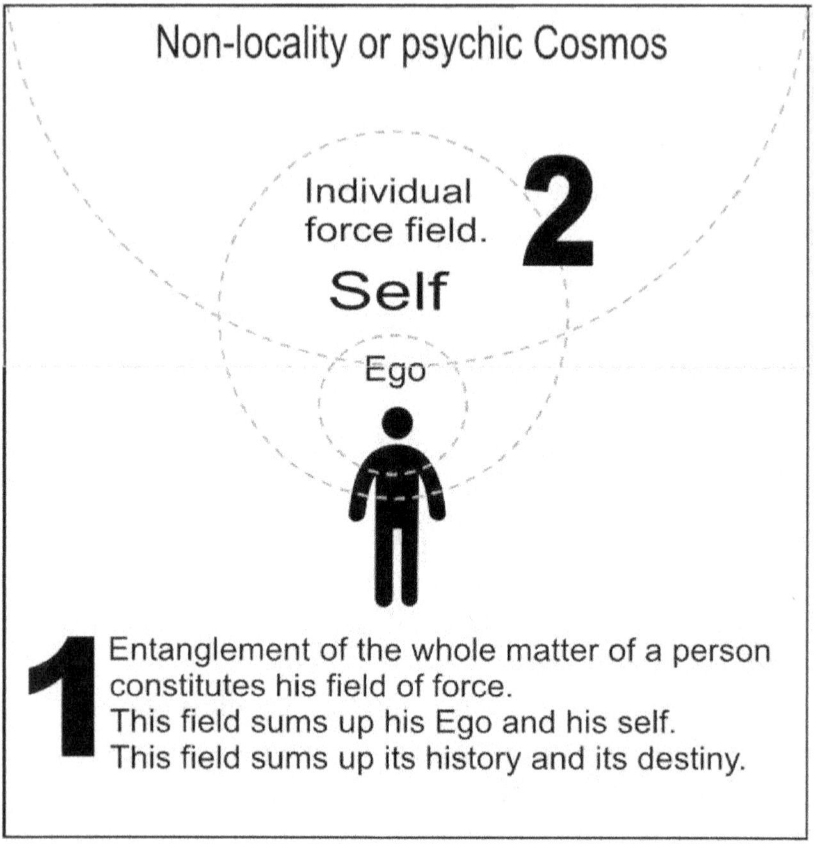

Gambar 44. Medan gaya dari "benda" apa pun yang terdiri dari materi adalah bagian dari kosmos psikis.

Korelasi (keterikatan) yang ada dalam materi seseorang merupakan medan kekuatannya.

Medan gaya ini mewakili jumlah dari "EGO" dan "DIRI" -nya. Medan kekuatan adalah ringkasan dari takdirnya, yang dia sendiri bangun dengan pilihannya.

Setiap makhluk berinteraksi dengan berbagai bidang.

Dengan istilah makhluk yang kami maksud di sini setiap kumpulan materi dengan identitasnya sendiri, baik itu mineral, nabati atau hewani.

Sebuah sungai, bunga aster atau belalang, serta manusia, ada dalam tiga tingkat yang telah ditunjukkan: fisik, kuantum, dan psikis, dan berpartisipasi di setiap tingkat melalui apa yang secara umum kita sebut medan gaya, yang terdiri dari energi dan informasi.

Gambar 45 mendaftar berbagai jenis bidang di mana setiap makhluk berpartisipasi. Setiap medan gaya dibedakan sebagai medan morfogenetik, medan morfik, atau medan gaya individu. Dapat dipahami bahwa mungkin ada banyak jenis bidang lain, beberapa dikenal dengan nama yang berbeda tergantung pada penulis yang mengusulkannya, yang lain masih belum diketahui.

Bidang morfogenetik berisi cetak biru konstruktif makhluk itu. Proyek ini mewakili proses di mana berbagai unsur kimia yang membentuk makhluk itu mengatur diri mereka sendiri dengan cara tertentu. Proyek harus memungkinkan pengembangan setiap makhluk sesuai dengan karakteristik spesiesnya.

Bidang ini berinteraksi dengan makhluk saat mereka berkembang, dan dapat dipengaruhi oleh makhluk itu sendiri. Ini adalah interaksi yang berkelanjutan. Ini menjelaskan mutasi.

Each creature interacts with many force fields.		
1	**2**	**3**
Morphogenetic field.	Morfic field	Individual force field.

Morphogenetic field leads the physical development in the various moments of growth.	Morfic field assures each species the correspondence to the psychological characters of the species.	Individual force field contains the personal story written by the individual himself.

Gambar 45. Medan gaya utama yang menyertai makhluk dalam keberadaannya.

1 Bidang morfogenetik mengatur perkembangan fisik dalam berbagai tahap pertumbuhan.

2 Bidang morfik memastikan bahwa setiap individu sesuai dengan karakteristik psikologis spesies.

3 Bidang kekuatan individu berisi sejarah pribadi yang ditulis oleh individu.

Bidang morfik berisi karakteristik psikis spesies: naluri, kecenderungan, kualitas budaya dan spiritual. Bidang ini juga berbeda dalam spesies dan varietas. Ia berinteraksi dengan makhluk individu.

Dengan meningkatkan evolusi budaya spesies, peningkatan ini ditransmisikan ke elemen berikutnya dari spesies yang sama. Bidang morfik dapat dianggap mirip dengan arketipe, karena mereka juga makhluk individu yang sudah ada sebelumnya, dan mereka juga bervariasi saat spesies berevolusi.

Medan kekuatan individu berisi seluruh sejarah pribadi makhluk itu. Ini berbeda dari semua makhluk lain dari spesies yang sama. Ini adalah cerita yang dibangun dengan menjalani hari demi hari menurut variasi karena peristiwa eksternal. Dalam kasus manusia itu karena kehendak bebas.

Medan gaya individu terkait erat dengan bagian material, yaitu tubuh makhluk. Kenyataannya, banyak pengalaman yang bersifat fisik, yaitu karena panca indera.

Adapun manusia, jelas bahwa beberapa proses fisiologis sebagian besar dilakukan secara tidak sadar. Namun, sebagian besar tindakan datang dari pilihan pribadi. Ini menegaskan bagaimana medan gaya individu berbeda untuk setiap makhluk hidup.

Karena karakteristik ini, konsep "medan kekuatan individu" dapat dibandingkan dengan "jiwa"”.

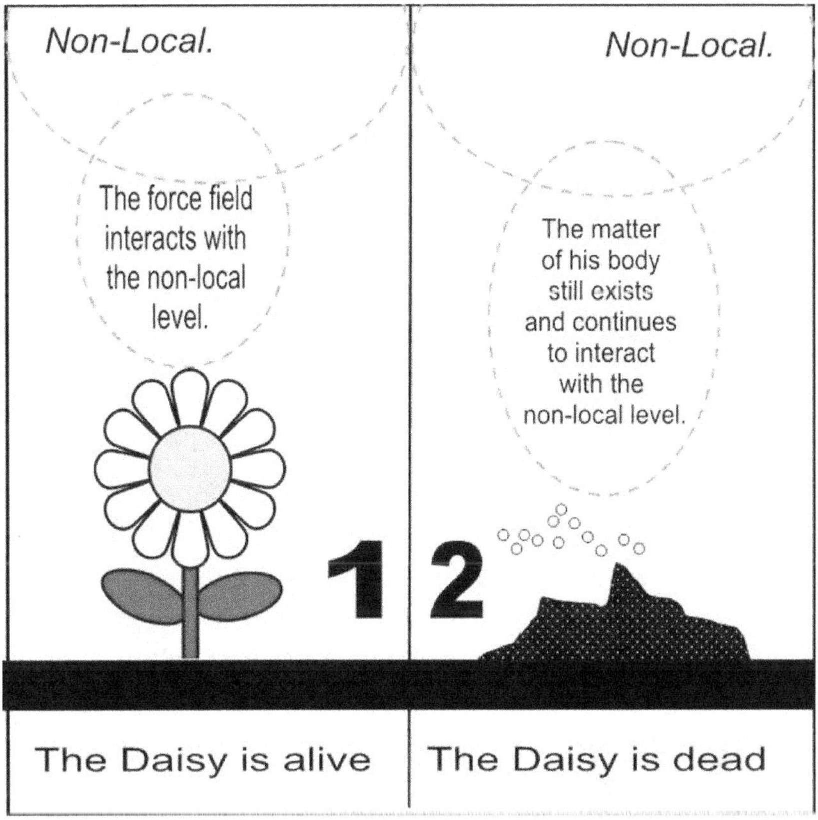

Gambar 46. Medan gaya makhluk tidak berhenti ada selama materi yang membentuk tubuhnya ada.

1 Bunga aster itu hidup. "medan gaya" daisy berinteraksi dengan level "non-lokal".

2 Bunga aster sudah mati. Partikel dalam tubuhnya berubah tetapi terus berinteraksi dengan tingkat "non-lokal".al.

Dan ketika makhluk itu mati apa yang terjadi?

Pertanyaan yang bisa kita tanyakan pada diri kita sendiri adalah: apa yang terjadi pada medan gaya individu ketika makhluk itu mati?

Sama sekali tidak ada. Faktanya, kematian tidak melibatkan pemusnahan materi, tetapi hanya transformasinya.

Ahli kosmologi hari ini suka mengatakan bahwa kita terbuat dari debu bintang. Memang itu. Atom-atom tubuh kita akan dapat menjadi bagian dari tubuh lain, tetapi keterikatan yang menyatukan mereka tidak akan berhenti ada, seperti halnya medan gaya tidak berhenti ada.

Medan kekuatan individu tetap berada di non-lokalitas, dalam kosmos psikis, berkontribusi pada pengayaan ide-ide yang terkandung di dalamnya dan membawa serta sejarah tentang apa yang telah bersamanya selamanya.

Hebatnya, setiap atom, setiap partikel dapat berpartisipasi dalam berbagai medan gaya. Ini juga berlaku ketika digunakan kembali dalam konstruksi makhluk lain.

Jika benar bahwa setelah kematian suatu makhluk, materi tubuhnya dapat menjadi bagian dari makhluk lain, maka benar juga bahwa materi yang sama yang merupakan bagian dari makhluk hidup sekarang adalah bagian dari makhluk lain di masa lalu.

Tidak ada yang memiliki hak istimewa untuk "menjadi merek baru". Kita semua diproduksi oleh bahan daur ulang yang telah digunakan jutaan atau miliaran kali.

Lagi pula, mudah untuk memahami bagaimana dalam perjalanan hidup kita jumlah produk limbah tubuh kita yang tak terbatas, seperti kuku yang terpotong, keringat, aerosol dari bersin kita, menjadi bagian dari tubuh lain tetapi terus berbagi dan mempengaruhi. di medan kekuatan kita.

Tapi ini tidak mengejutkan kita, di alam semesta di mana semuanya adalah satu. Jadi, apakah medan kekuatan individu makhluk itu abadi?

Mungkin. Kita tahu bahwa materi adalah energi, dan semua materi di alam semesta berasal dari muatan energi awal, yang meledak dalam Big Bang.

Ada kemungkinan bahwa di masa depan yang tak terbayangkan, semua materi alam semesta akan runtuh kembali menjadi energi. Ketika itu terjadi, tidak akan ada lagi masalah.

Mungkin informasi dari setiap makhluk akan hilang, tetapi bukan energi yang akan kembali bergabung dengan Energi besar yang tidak diketahui dari mana semuanya dimulai.

Apa yang akan terjadi dengan Baik dan Jahat? Mungkin medan kekuatan makhluk hidup akan membawa jejak kebaikan dan kejahatan mereka ke dalam Energi.

Ini masih dapat menciptakan ketegangan dalam Energi, yang akan meledak dalam Ledakan Besar baru yang menghasilkan alam semesta baru, dalam siklus yang hanya akan berakhir ketika Energi dimurnikan dan ditenangkan. Tapi kemudian itu benar-benar akan menjadi akhir.

Pengetahuan tentang masa depan.

Prescience adalah kemampuan untuk memiliki pengetahuan tentang masa depan. Mereka yang memiliki fakultas ini berhasil memperoleh pengetahuan tentang peristiwa sebelum terjadi. Mereka dapat melihat tempat, objek, atau orang sebelumnya sebagaimana adanya di masa depan.

Di bawah judul ini kita dapat mengelompokkan banyak suara lain, yang sering digunakan untuk satu sama lain, tetapi memiliki arti yang berbeda.

Firasat (perasaan apriori) terdiri dari intuisi samar bahwa sesuatu akan terjadi, bahkan jika kita sering tidak tahu apa. Tidak jarang firasat menimbulkan perasaan khawatir atau antisipasi yang tenang.

Prekognisi (pengetahuan apriori) terdiri dari mengetahui terlebih dahulu apa yang akan terjadi di masa depan tertentu. Dalam arti tertentu, prekognisi mewakili tahap yang lebih berkembang daripada sekadar firasat.

Firasat adalah pengetahuan tentang fenomena yang terjadi di kejauhan pada saat yang sama di mana peringatan itu dirasakan.

Firasat terdiri dari fenomena emosional, terkait dengan perolehan peristiwa masa depan yang tentangnya kita diperingatkan, diperingatkan. Seringkali itu adalah perasaan yang menyertai tindakan tertentu yang sedang dilakukan atau ingin dilakukan, dan itu memungkinkan kita untuk melihat konsekuensinya dengan pasti.

Clairvoyance (melihat dengan jelas) adalah visi mental dari fakta yang akan terjadi di masa depan, seperti yang akan terungkap, hampir seperti di foto atau film.

Petualangan tragis di laut.

Pada tahun 1827 kapal penangkap ikan paus Grampus meninggalkan Nantucket, sebuah pulau di Amerika Serikat. Pulau ini terletak 48km selatan Cape Cod di negara bagian Massachusetts. Kapten Barnard tahu bahwa penumpang gelap disembunyikan di ruang tunggu, Arthur Gordon muda, teman dekat putranya Augustus.

Selain itu, bahkan kaptennya adalah teman ayah Arthur, itulah sebabnya dia menerima penipuan itu. Kesepakatannya adalah, begitu berada di laut lepas, kehadiran pemuda itu akan "ditemukan" tetapi dia akan tetap berada di kapal, tidak dapat menurunkannya lagi. Dengan ini Arthur muda ingin memuaskan semangat petualangannya bersama Augustus.

Semua berjalan baik selama beberapa hari sampai Arthur tidak lagi menerima berita atau makanan dari temannya di tempat persembunyiannya. Khawatir, ia menemukan bahwa telah terjadi pemberontakan di kapal dengan cerita pembunuhan berdarah. Misalnya, ada pembicaraan tentang pelaut yang dibunuh oleh juru masak dengan golok, karena dia berpihak pada perusuh.

Arthur, temannya Augustus dan seorang pemberontak yang bertobat berhasil mengakhiri pemberontakan. Sayangnya, badai merusak kapal yang dibiarkan tanpa kemudi.

Ketiga sahabat itu, bersama seorang pemuda lain bernama Richard Parker, harus meninggalkannya mencari perlindungan di kapal lain yang muncul secara kebetulan. Namun, kapal ini juga ditinggalkan.

Karena kekurangan air dan makanan, kelelahan, keempatnya memutuskan untuk mengorbankan salah satu dari mereka agar yang lain bisa memakannya untuk bertahan hidup. Nama Richard Parker diambil. Pemuda itu segera dibunuh dan dikanibal oleh tiga orang lainnya. Ini benar-benar menyelamatkan diri mereka sendiri.

Kisah yang saya ceritakan secara singkat di sini adalah ringkasan dari cerita pendek yang ditulis pada tahun 1837 oleh seorang master sastra horor, Edgard Allan Poe. Judulnya adalah "Petualangan Arthur Gordon Pym". Jadi ini cerita fiktif.

Tapi... apakah kita yakin itu benar-benar cerita yang tidak pernah terjadi?

Sebuah kisah nyata. Bangkai kapal "Mignonette

Pada tahun 1883, seorang pengacara kaya Australia, John Henry Want, yang sedang mengunjungi Inggris, berkesempatan mengunjungi kapal pesiar kecil berukuran 16 meter, Mignonette, yang sedang dijual. Dia terpesona olehnya dan memutuskan untuk membelinya.

Masalahnya adalah membawanya ke Australia, karena kapalnya kecil dan karena itu tidak cocok untuk penyeberangan itu. Dengan beberapa tindakan pencegahan diputuskan untuk memulai kapal pesiar dan ini terjadi pada tanggal 19 Mei 1884, dari pelabuhan Inggris Southampton, dengan tujuan Sydney.

Gambar 47. Kasus kanibalisme diriwayatkan dalam "Petualangan Arthur Gordon Pym" dalam ilustrasi waktu.

Awaknya terdiri dari empat orang: Kapten Tom Dudley, Edwin Stephens, Edmund Brooks dan hub Richard Parker, seorang anak 17 tahun tanpa pengalaman berlayar.

Ketika Mignonette ditemukan sekitar 1600 mil barat laut Tanjung Harapan, gelombang pasang menghantamnya, membalikkannya. Kapal itu segera tenggelam, tetapi kru berhasil melarikan diri ke tempat yang aman dengan sekoci.

Sayangnya, karena tergesa-gesa, mereka tidak membawa apa pun yang berguna untuk bertahan hidup. Ditinggalkan sendiri di tengah lautan, mereka memutuskan untuk mengorbankan salah satu dari mereka untuk kelangsungan hidup yang lain. Mereka tidak membuang undi.

Kapten Dudley dan Seaman Stephens memutuskan bahwa giliran Parker muda. Sebaliknya pelaut lainnya, Brooks, abstain. Alasan pemilihan itu adalah karena Richard Parker sakit-sakitan dan tidak punya keluarga untuk kembali

Ketiganya diselamatkan berkat pengorbanan (tidak disengaja) dari bocah lelaki itu. Mereka kemudian diselamatkan antara 26 dan 27 Juli 1884 oleh kapal Montezuma, di lepas pantai Rio de Janeiro.

Kembali ke rumah mereka menjalani persidangan.

Pada 22 Desember 1884, Dudley dan Stephens dijatuhi hukuman mati. Namun kemudian, menyusul pemberontakan umum opini publik yang mendukung para penyintas, hukumannya dikurangi menjadi enam bulan penjara.

.

Gambar 48. Bagian depan dari cerita pendek edisi bahasa Inggris oleh Edgard Allan Poe.

Gambar 49. Kapal pesiar Mignonette, perahu kecil berukuran 16 meter yang menceritakan kisah mengerikan tentang kapal karam, dalam ilustrasi waktu itu.

Visi sastra masa depan.

Jadi, Edgard Allan Poe dalam kisahnya yang fantastis tentang petualangan Arthur Gordon Pym, yang ditulis pada tahun 1837, menceritakan kasus kanibalisme yang melibatkan, setelah sebuah kapal karam, seorang anak muda bernama Gordon Parker dimakan oleh tiga orang yang selamat lainnya.

Hebatnya, pada tahun 1884, 47 tahun kemudian, kasus itu benar-benar terjadi dan seorang anak muda bernama Richard Parker, yang lolos dari tenggelamnya Mignonette bersama tiga orang lainnya, menjadi makanan bagi para penyintas lainnya.

The Italian Encyclopedia Treccani mendefinisikan episode pandangan ke depan sebagai berikut: "Firasat adalah informasi paranormal yang berkaitan dengan terjadinya peristiwa masa depan. Lebih umum itu adalah firasat, pertanda, tanda peringatan."

Ketika kita merasa bahwa fakta tertentu akan terjadi, dan kemudian itu benar-benar terjadi, itu membuat kita bingung. Bagaimana kita bisa memprediksi dengan tepat suatu peristiwa yang hanya akan terjadi di masa depan?

Padahal, firasat, atau pandangan ke depan, adalah dinamisme mental yang berfokus pada suatu peristiwa yang sudah terkandung dalam dimensi non-lokal. Banyak peristiwa yang telah terjadi di masa lalu, atau yang akan terjadi di masa depan, mungkin tiba-tiba tampak sangat jelas bagi kita dalam setiap detailnya.

Dalam kasus ini, kesadaran kita telah membebaskan dirinya dari aturan ruang dan waktu yang berlaku di alam semesta kita yang masuk akal, dan belajar dari Pikiran universal. Pikiran ini, karena terletak di dimensi non-lokal, tidak mengenal batasan fisik. Di non-lokal, semua informasi tentang alam semesta tersedia dalam konteks yang tidak meramalkan sebelumnya, atau sesudahnya, atau sekarang.

Dalam konteks ini, kejelian budaya, tipikal mereka yang terbiasa bekerja dengan otak sebagai penulis, kreatif, dan cendekiawan, berhasil memasuki pengetahuan universal tingkat non-lokal. Di sini dia mengambil informasi yang, dalam kehidupan kita sehari-hari, mungkin tampak seperti antisipasi peristiwa masa depan.

Selain tragedi Richard Parker, ada banyak kasus lain tentang pandangan ke depan budaya oleh para penulis. Salah satu yang paling terkenal adalah yang terkait dengan tenggelamnya Titanic.

Futility. Tenggelamnya "Titan"

Morgan Robertson adalah seorang penulis Amerika, lahir di Oswego pada tahun 1831, dikenal karena kisah-kisahnya berdasarkan petualangan pelayaran. Dia bersemangat tentang genre ini karena asal-usulnya, sebenarnya dia adalah putra Andrew, komandan kapal.

Tampaknya Morgan adalah penemu periskop, atau berkolaborasi dalam realisasinya. Ketenarannya, bagaimanapun, berasal hampir seluruhnya dari sebuah cerita yang dia tulis pada tahun 1898 dengan judul Kesia-siaan. Ini menceritakan kisah sebuah kapal laut besar yang, karena tabrakan dengan gunung es besar, tenggelam ke Atlantik.

Plot cerita berpusat pada protagonis John Rowland, mantan perwira angkatan laut Amerika Serikat, pecandu alkohol dan terdegradasi, yang bekerja sebagai pelaut di Titan. Kapal ini bertabrakan dengan gunung es suatu malam dan tenggelam, tetapi John berhasil melarikan diri tepat di gunung es dengan seorang gadis.

Tentu saja, John akan diselamatkan dengan bantuan gadis ini. Berkat dia, dia akan menyelesaikan masalah alkoholismenya dan menjalani sisa hidupnya dengan bahagia.

Apa yang menarik bagi kita, bagaimanapun, dalam cerita ini, bukanlah peristiwa pribadi John Rowland tetapi kebetulan luar biasa yang menghubungkan tenggelamnya Titan imajiner dan tenggelamnya Titanic yang sebenarnya. Ini terjadi pada tahun 1912, yaitu 14 tahun kemudian.

Mari kita coba membuat daftar semua kebetulan antara dua kapal karam.

Gambar 50. Tenggelamnya Titanic dalam headline New York Times. Di sebelah kanan sampul versi Italia lama dari cerita pendek Morgan Robertson, Futility, berganti nama menjadi "The shipwreck of the Titan".

Afinitas antara tenggelamnya (fantastis) Titan dan (nyata) salah satu Titanic, yang terjadi setelah 14 tahun.

Nama.

Satu kapal disebut Titan, yang lain Titanic.

Para korban kapal karam.

Kedua kapal karam tersebut menyebabkan ribuan korban jiwa.

Penyebab kapal karam.

Kedua kapal tenggelam karena bertabrakan dengan gunung es.

Titik dampak.

Keduanya menabrak gunung es di sisi kanan.

Tempat kapal karam.

Dalam kedua kasus kapal karam terjadi sekitar 400 mil dari Newfoundland.

Kecepatan pada saat tumbukan.

Keduanya melaju dengan kecepatan yang sama. (25 knot untuk Titan, 22,5 knot untuk Titanic).

Nama panggilan.

Kedua kapal itu digambarkan sebagai "tidak dapat tenggelam".

Propulsi.

Keduanya memiliki tiga baling-baling dan memiliki dua poros.

Dimensi.

Titan memiliki panjang 244 meter, Titanic sedikit lebih panjang, 269 meter.

sekoci.

Keduanya memiliki sekoci yang tidak mencukupi untuk semua pelancong.

Keberangkatan kedua kapal

Keduanya pergi pada bulan April

Rute navigasi..

Keduanya sedang dalam perjalanan dari Inggris ke New York.

Harus dikatakan bahwa setelah kapal karam yang sebenarnya, ceritanya diterbitkan ulang dengan perubahan agar lebih mirip dengan kenyataan, tetapi analogi yang saya laporkan di sini terkait dengan versi pertama.

Luar biasa, CICAP datang untuk melikuidasi isu tersebut dengan menyatakan bahwa cukup sederhana bagi penulis untuk membayangkan kisah tenggelamnya sebuah kapal besar, karena begitu banyak beredar. Kami tidak berkomentar..

Memprediksi peristiwa.

Masing-masing dari kita, pada titik tertentu dalam hidup kita, memiliki firasat. Seringkali firasat disertai dengan sensasi fisik seperti kedinginan, merinding, tetapi juga oleh "kupu-kupu di perut".

Seorang peneliti dari Universitas Columbia di New York berpendapat bahwa perut sebenarnya menampung jaringan besar sel saraf yang terus-menerus terhubung dengan bagian emosional otak. Jelaslah bahwa medan kekuatan emosional, yang dihasilkan oleh suatu firasat, juga merangsang perut, sehingga membuat emosi juga terlihat.

Firasat sangat umum dan sering menyelamatkan nyawa orang.

Pada tahun 1956, insinyur Amerika William Edward Cox menerbitkan sebuah artikel berjudul "Precognition. Analisis ”yang berisi laporan penelitiannya tentang prekognisi.

Dalam praktiknya, Cox telah melakukan penelitian yang membandingkan jumlah penumpang kereta api yang berjalan biasa dengan jumlah penumpang 28 kereta api yang pernah mengalami kecelakaan.

Perbandingan tersebut menunjukkan penurunan jumlah penumpang kereta api yang mengalami kecelakaan secara signifikan. Sebaliknya, jumlah penumpang di kereta yang sama yang melakukan perjalanan tanpa insiden adalah konstan. (Lihat gambar 51).

Cox telah menerbitkan lusinan artikel dan penelitian tentang parapsikologi, dan telah bekerja di Laboratorium Parapsikologi Universitas Duke di Durham, Carolina Utara, jadi dia bukan seorang improvisasi tetapi seorang eksperimen yang berpengalaman. Dia meninggal pada tahun 1994.

Beberapa sarjana mengklaim bahwa firasat tidak lebih dari manifestasi intuisi. Seperti yang telah disebutkan, intuisi bukanlah persepsi ekstrasensor, karena ia mengacu pada pengetahuan yang sudah dimiliki, memprosesnya untuk mendapatkan indikasi perilaku.

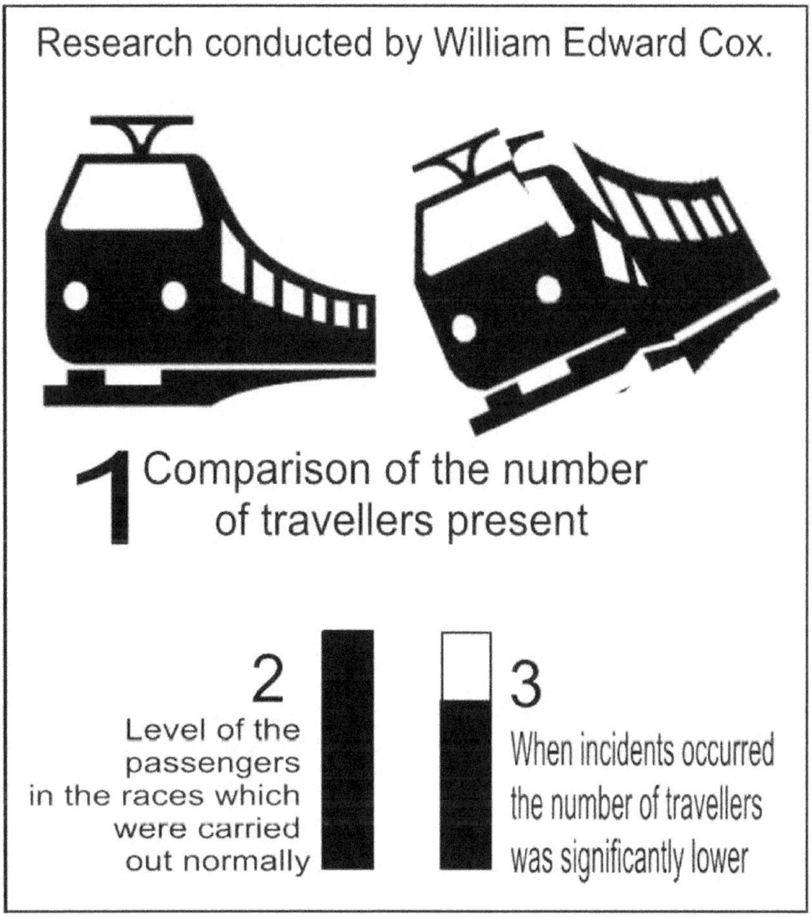

Gambar 51 Hasil penelitian William Edward Cox yang melakukan perbandingan antara penumpang kereta api pada ruas-ruas tertentu pada rel kereta api. Dalam kasus di mana kecelakaan terjadi, jumlah pelancong secara signifikan lebih rendah.

1 Perbandingan jumlah wisatawan yang hadir.

2 Jumlah penumpang kereta api yang tidak mengalami kecelakaan.

3 Jumlah penumpang di kereta yang sama, pada hari-hari di mana mereka mengalami kecelakaan..

Pasti ada hubungan sebab akibat antara reaksi intuitif dan pengetahuan yang sudah dimiliki. Dalam firasat, bagaimanapun, tidak ada hubungan sebab akibat.

Bahkan jika pengalaman memberi tahu kita bahwa cepat atau lambat sebuah kereta api akan mengalami kecelakaan, itu tidak dapat memberi tahu kita bahwa kereta itu akan mengalaminya pada hari itu.

Eksperimen Dean Radin.

Dean Radin adalah seorang psikolog, direktur Laboratorium Penelitian Kesadaran di Universitas Nevada, Las Vegas.

Dia termasuk dalam jajaran parapsikolog dengan latar belakang ilmiah yang kuat dan yang bekerja dalam struktur bergengsi, seperti universitas atau pusat penelitian lainnya.

Pada pertengahan 1990-an, Radin, bersama dengan kolaboratornya, memulai siklus eksperimen yang bertujuan untuk memverifikasi firasat.

Dalam eksperimen tipikal, gairah emosional subjek yang menjalani tes diukur. Untuk tujuan ini, variasi resistensi kulit diukur dengan instrumen khusus melalui elektroda yang dihubungkan ke jari. Kurang lebih seperti yang Anda lakukan dalam tes Lie Detector.

Prinsip dasarnya adalah ketika seseorang mengubah keadaan emosinya, aktivitas kelenjar keringatnya dan akibatnya juga aktivitas listrik kulitnya juga bervariasi.

Experiments by Dean Radin
1
To Volunteers Images from the pacific or shocking content are shown.
2
3
Quiet pictures.
The reaction occurs 2-3 seconds AFTER viewing the image.
Highly emotional images.
The test reaction is two or three milliseconds BEFORE the image is vision.

Gambar 52. Dalam eksperimen Dean Radin, subjek, yang dikendalikan oleh peralatan elektronik, dapat merasakan kedatangan gambar yang mengejutkan sebelum muncul di layar.

1 Relawan melihat beberapa gambar konten yang menenangkan atau mengejutkan.

2 Dalam hal gambar dengan konten yang menenangkan, para sukarelawan bereaksi 2 atau 3 detik setelah melihat-

3 Dalam kasus gambar dengan konten traumatis, relawan bereaksi 2 atau tiga milidetik sebelum gambar ditampilkan.

Selama pengujian, subjek dibuat menjalani "stres emosional" yang cukup signifikan hingga menghasilkan perubahan signifikan pada kelenjar keringat.

Untuk mencapai ini, mereka mengalami kejutan listrik kecil, bau yang tiba-tiba dan tidak menyenangkan. Lebih sering daripada tidak, gambar diperlihatkan kepada mereka.

Foto pemandangan atau anak-anak yang tersenyum bergantian dengan foto mayat selama otopsi, atau kecelakaan di jalan, atau dengan konten yang sangat pornografi. Tentu saja, gambar-gambar itu tiba-tiba muncul di layar. (Lihat gambar 52).

Selama berbagai sesi eksperimen, Radin dan rekan-rekannya memperhatikan bahwa, ketika mereka melihat gambar dengan konten yang tenang, subjek tetap tenang.

Ketika, di sisi lain, gambar dengan muatan emosional yang kuat ditampilkan, subjek bereaksi kuat, seperti yang dapat dideteksi oleh instrumen yang terhubung.

Sejauh ini bagus, di mana kejutannya?

Kejutannya terletak pada waktu reaksi. Dengan mengukur waktu reaksi terhadap gambar yang kuat dalam milidetik, ditemukan bahwa keadaan emosi bervariasi beberapa milidetik SEBELUM gambar muncul. Itu terjadi seolah-olah alam bawah sadar subjek tahu sebelumnya bahwa gambar yang masuk sangat emosional.

Visi bencana masa depan.

Kesaksian yang berkaitan dengan ramalan bencana tidak terhitung banyaknya. Kita dapat mengingat satu kasus di atas segalanya, tanah longsor yang terjadi pada 21 Oktober 1966 menenggelamkan desa pertambangan Aberfan, di Wales.

Tanah longsor lebih dari 150.000 meter kubik sampah yang dihasilkan dari ekstraksi batu bara, yang disebabkan oleh hujan yang terus-menerus pada hari-hari sebelumnya, mengubur kota itu pada pukul 9.15 pagi. Gunung puing juga menghantam sekolah selama semua murid hadir

Jika itu terjadi satu jam lebih awal, sekolah akan kosong. 128 anak dihitung di antara 144 korban.

Dalam bukunya "The Extended Mind" penulis Rupert Sheldrake menulis sebagai berikut:

> The psychiatrist J.C. Baker, who worked in the village after the tragedy, discovered that many people had had premonitions.
> He investigated 76 cases. Of these, 3 were about dreams. Some dreams were so vivid and horrifying that those who did them would wake up with a start shouting.
> Some people felt intense anguish. A ten-year-old girl, Eryl Jones, killed in the tragedy, told her mother two weeks earlier: "Mom, I'm afraid of dying" and added that she would die with her friends

"Psikiater J.C. Baker, yang bekerja di desa setelah tragedi itu, menemukan bahwa banyak orang memiliki firasat. Secara keseluruhan, ia

menyelidiki 76 kasus. Dari jumlah tersebut, 3 melibatkan mimpi. Beberapa mimpi sangat jelas dan mengerikan sampai-sampai beberapa orang terbangun sambil berteriak .... Beberapa orang merasakan penderitaan yang hebat".

"Seorang gadis sepuluh tahun, Eryl Jones, yang meninggal dalam tragedi itu, telah memberi tahu ibunya dua minggu sebelumnya, "Bu, saya takut mati." Gadis kecil itu menambahkan bahwa dia akan mati saat dia bersama teman-temannya. .

Ibu Eryl bertanya-tanya mengapa gadis kecil itu berbicara seperti itu. Kemudian, sehari sebelumnya, Eryl berkata kepada ibunya: "Saya bermimpi bahwa saya akan pergi ke sekolah dan sekolah itu hilang. Sesuatu yang hitam telah turun dan menghancurkannya". Atas permintaan ibunya, Eryl dimakamkan di sebelah teman-teman kecilnya."

Jenis lain dari pengetahuan sebelumnya.

Ada juga jenis ramalan lain, yang tidak terkait dengan peristiwa tragis. Misalnya, Anda dapat mengenali seseorang di foto lama, dan tidak lama kemudian, pada hari yang sama atau keesokan harinya,

Gambar 53. Pertolongan pertama di desa Aberfan (dari situs Londranews.com)

Anda dapat bertemu dengannya. Terkadang, setelah memikirkan seseorang, Anda mungkin menerima panggilan telepon, email, atau surat.

Ada orang yang selalu tahu terlebih dahulu kapan seseorang akan datang, apalagi jika ada ikatan kasih sayang atau kekerabatan di antara keduanya.

Ternyata, firasat itu juga dialami oleh hewan. Tampaknya banyak yang mampu memprediksi kedatangan gempa bumi, meskipun kita tidak tahu apakah ini benar-benar bergantung pada prakiraan atau kepekaan tertentu yang membuat mereka mampu menangkap sinyal fisik yang belum diidentifikasi manusia.

Eksperimen juga telah dilakukan pada hewan (anjing dan kucing) yang "tahu" ketika pemiliknya pulang. Hewan-hewan ini dapat mengharapkan pengembalian meskipun itu terjadi pada waktu yang berbeda. Mereka mewujudkan kesadaran ini dengan sikap yang jelas eksplisit, seperti berdiri di samping pintu untuk menyambut tuannya segera setelah tuannya tiba.

Perasaan diawasi.

Perasaan diamati cukup umum, dan seringkali juga terarah, yaitu, kita melihat arah dari mana seseorang mengamati kita. Jika kita melihat ke belakang, kita dapat melihat bahwa sebenarnya ada seseorang yang memperhatikan kita.

Memang, sangat sering terjadi pada diri kita sendiri bahwa kita adalah pengamat. Entah kenapa kita menatap seseorang.. Tiba-tiba orang ini menoleh dan tatapannya bertemu dengan kita.

Mata jahat dan ketertarikan dengan pesona.

Penampilan jahat adalah keingintahuan akan perilaku manusia yang selalu diketahui dan selalu dicirikan oleh hal-hal negatif. Dalam buku Evil Eye yang diterbitkan pada tahun 1895 oleh Frederick Thomas Elworthy dikatakan bahwa mata memiliki kekuatan untuk memancarkan suatu kekuatan. Ketika kekuatan ini muncul dari mata orang yang iri atau marah, udara menjadi jahat.

Memang, Elworthy sudah memiliki pendahulu yang layak. Kepercayaan pada mata jahat selama zaman kuno dipegang oleh orang-orang berbudaya seperti Aristophanes, Plutarch, dan Heliodorus. Beberapa kritikus Socrates mengklaim bahwa filsuf besar ini memiliki mata jahat.

Kita tidak dapat berbicara tentang mata jahat tanpa menyebutkan lawannya, daya tarik. Ini adalah kemampuan untuk menyihir dengan tatapan. Daya tarik terjadi ketika kita terlibat secara positif dalam pertunjukan, film, atau sesuatu yang menarik perhatian kita. Seringkali perilaku seseorang juga membuat kita terpesona.

Daya tarik sering diartikan sebagai induksi keadaan hipnosis. Mereka yang menderita itu menjadi tidak dapat bereaksi. Contoh paling terkenal di alam adalah daya tarik mematikan dari ular yang melumpuhkan korbannya hanya dengan tatapannya.

Kurang tragis, kita dapat mengatakan bahwa, misalnya, tatapan anak anjing memiliki kemampuan untuk membuat kita terpesona, seperti halnya pandangan seorang anak atau orang yang kita cintai.

Proyek "Kesadaran Global".

Dalam bab sebelumnya, menyajikan eksperimen Dean Radin, saya menunjukkan fitur mengejutkan yang muncul dari mereka. Orang-orang yang menjadi sasaran eksperimen melihat terlebih dahulu tampilan gambar yang paling kuat. Dalam kasus ini mereka bereaksi dengan sinyal listrik yang terukur. Respons terjadi lebih awal, beberapa milidetik sebelum gambar muncul di layar.

Fenomena persepsi yang diantisipasi tentang peristiwa yang tidak menyenangkan ini telah dicatat berkali-kali oleh banyak peneliti.

Pertanyaan yang mungkin diajukan seseorang adalah: jika mungkin untuk memprediksi situasi negatif sebelumnya dengan menguji seseorang, apakah tidak mungkin, dengan menguji penduduk sebuah kota, untuk memprediksi peristiwa negatif yang memengaruhi kota itu?

Dengan analogi, jika peristiwa negatif menyebabkan perubahan dalam kesadaran manusia sebelum terjadi, apakah tidak mungkin, dengan menguji gangguan sebagian besar populasi, untuk memprediksi peristiwa negatif yang mempengaruhi seluruh bangsa atau benua, atau seluruh planetneta?

Gambar 54, Universitas Princeton, terletak di Princeton, New Jersey, adalah salah satu universitas besar di Liga Ivy dan diakui sebagai salah satu universitas paling bergengsi di dunia. Di sinilah Proyek Kesadaran Global didasarkan.

Seseorang mencoba. Google Profil Keadaan Suasana Hati (GPMOS)

Sekelompok ilmuwan komputer dan ahli statistik dari University of Indiana mencoba mengambil denyut suasana hati kolektif dengan menganalisis suasana jaringan sosial, terutama Twitter.
Untuk melakukan ini, mereka menggunakan alat yang disiapkan oleh Google, "Google Profile of Mood States".
Para ilmuwan menganalisis selama delapan bulan, dari Maret hingga Desember 2008, suasana hati yang direkam oleh GPMOS, yaitu enam: kebahagiaan, kebaikan, kewaspadaan, ketenangan, keamanan, vitalitas.
Mereka memilih periode di mana suasana tenang berlaku, membandingkannya dengan tren bursa saham, dan memverifikasi bahwa, ketika sampel mengungkapkan situasi ini, bursa saham ditutup tanpa kejutan dengan akurasi perkiraan sebesar 88 persen.

Seseorang telah berhasil. Proyek Kesadaran Global (GCP)

Ada orang lain yang mengurusi denyut nadi dunia dengan cara yang lebih ilmiah. Itu dilakukan dengan penelitian berkelanjutan yang berlangsung sebagai bagian dari proyek yang dibuat pada 1980-an oleh profesor Robert Jahn dan Brenda Dunne di Universitas

Princeton. Proyek tersebut adalah "Princeton Engineering Anomalies Research".

Proyek ini lahir ketika berbagai eksperimen membuat kita membayangkan bahwa kesadaran global kolektif benar-benar ada.

Studi terdiri dalam memverifikasi efek psikokinetik emosi manusia pada beberapa perangkat elektronik kecil. Ini adalah generator nomor acak elektronik. Dalam istilah teknis RNG (Random Number Generator).

Kita tahu bahwa angka bisa ganjil atau genap. Dari sudut pandang ini ada dua pilihan. Oleh karena itu, seperti yang terjadi pada pelemparan koin, setelah sejumlah pelemparan yang wajar, hasilnya menjadi seimbang (50% -50%).

Relawan diminta untuk mencoba secara mental mempengaruhi keluaran angka genap atau ganjil. Ditemukan bahwa para sukarelawan benar-benar dapat menghasilkan variasi yang menarik sehubungan dengan statistik.

Belakangan ada kejutan. Para ilmuwan mengamati bahwa dengan menempatkan generator RNG di lingkungan tertentu, hasilnya seringkali berbeda dari yang dapat diprediksi secara statistik. Ini juga terjadi ketika tidak ada yang mencoba mempengaruhi hasil.

Kesimpulannya adalah bahwa generator RNG dapat dipengaruhi oleh keadaan suasana hati orang-orang dalam jangkauan mereka. Tidak perlu ada sukarelawan untuk mencoba melakukan ini. Tampaknya ada "kesadaran komunitas" yang berinteraksi dengan RNG, menurut keadaan suasana hati yang berlaku.

Eksperimen tersebut mengambil nama "Mega Trial". Dilanjutkan dengan partisipasi dua lembaga penelitian lainnya, di Freiburg dan Giessen di Jerman.

Pada tahun-tahun berikutnya, hasil yang menarik dan kecanggihan teknologi yang lebih besar memungkinkan untuk bergabung dengan banyak lembaga lain ke proyek tersebut (yang mengambil nama "Proyek Kesadaran Global").

Banyak generator nomor acak ditempatkan hampir di seluruh dunia, dari Eropa ke Amerika Serikat ke Rusia dan kemudian juga di Jepang, Brasil, Cina, Amerika Selatan, Australia dan Afrika. Secara keseluruhan, sekitar 150 generator RNG yang kuat telah dipasang.

Pembangkit ini, yang masih beroperasi, beroperasi tanpa campur tangan sukarelawan yang mencoba mempengaruhi mereka. Mereka menghasilkan angka acak (satu atau nol) ratusan kali per detik, sambil membuat prediksi, lalu memeriksa apakah tebakannya benar.

Menurut statistik, ini harus terjadi pada 50% kasus.

Tapi itu tidak selalu terjadi. Sebelum terjadinya peristiwa kolektif yang sangat penting, generator mencapai peluang lebih sering daripada rata-rata, seolah-olah fungsi biasa mereka dipengaruhi oleh peristiwa yang akan terjadi segera sesudahnya.

Dalam praktiknya, RNG mampu merekam perubahan signifikan dalam kesadaran kolektif masyarakat yang berada dalam jangkauan pengaruh mereka, yang diekspresikan dalam jumlah prediksi yang lebih banyak.

Jika peristiwa itu dapat mempengaruhi seluruh benua, semua generator di benua itu mencatat variasi yang sama.

Sebagai konfirmasi, lonjakan besar dari prediksi yang tepat dicatat beberapa jam sebelum serangan di Menara Kembar di New York pada 11 September 2001.

Puncak-puncak itu terus terjadi, secara lokal atau global, pada jam-jam sebelum peristiwa yang tak lama kemudian secara emosional akan melibatkan populasi yang berada dalam jangkauan tindakan mereka.

Harus dikatakan bahwa tidak hanya peristiwa negatif mempengaruhi generator, tetapi juga positif, seperti yang terjadi pada kesempatan upacara pembukaan Olimpiade atau acara olahraga internasional besar lainnya.

Satu-satunya masalah adalah bahwa dalam kebanyakan kasus, alat memungkinkan kita memahami ketika umat manusia berada dalam ketegangan tentang sesuatu yang harus terjadi, tetapi tidak mungkin untuk menetapkan bagaimana hal itu akan terjadi dan di mana.

"Proyek Kesadaran Global" hari ini.

Pada tahun 1980 hingga 2002, pengerjaan proyek dilanjutkan di bawah arahan Prof. Roger D. Nelson, yang sekarang menjadi Koordinatornya. Profesor. Nelson mengkhususkan diri dalam studi kesadaran dan niat serta peran pikiran dalam dunia fisik. Karyanya memadukan sains dan spiritualitas. Ini melibatkan model penelitian yang secara langsung berfokus pada banyak pengalaman umum.

A feeling of great anxiety generates an exceptional increase in the tools of the Global Consciousness Project. This takes place 2 HOURS BEFORE the attack on the Twin Towers.

Gambar 55. New York, 11 September 2001. Instrumen "Proyek Kesadaran Global" mencatat ketegangan yang sangat kuat di populasi dunia dua jam sebelum tumbukan pesawat terhadap menara pertama terjadi.

Nelson menggunakan teknologi RNG untuk mempelajari efek dari keadaan kesadaran tertentu dalam kelompok manusia.

Ini sekarang terdiri dari jaringan RNG yang didistribusikan secara global, yang terus-menerus mengirim data ke server yang berlokasi di Universitas Princeton.

Jaringan ini dirancang untuk merekam indikasi kesadaran global yang menuju ke kegembiraan di acara-acara besar dunia seperti awal perang, bencana alam, acara olahraga besar dan perayaan besar seperti Tahun Baru.

Kasus "Menara Kembar" di New York.

Mungkin peristiwa paling tragis yang dilaporkan oleh "Proyek Kesadaran Global" adalah yang terjadi di New York pada 11 September 2001, dengan serangan terhadap Menara Kembar dan keruntuhannya.

Memang, ada serangkaian empat serangan bunuh diri hari itu, menewaskan sekitar 3.000 orang dan melukai 6.000 lainnya.

Dalam bukunya “Entangled Minds” Dekan Radin yang turut serta dalam proyek tersebut menggambarkan perilaku aparat RNG sebagai berikut:

> "In examining the results of the analysis, we noticed that something unusual happened that day. On 11 September

2001, the curve of the graph underwent an incredible deviation in comparison with the other days examined. It turned out that this curve peaked about two hours before the hijacked plane crashed on the first of the Twin Towers, in New York, at 8.46 am local time.
There is no easy answer to the question of why the curve peaked before the terrorist attack, although it does remind us of the data obtained from precognition experiments. What caused this big change? Has the massive coherence achieved by the whole of minds, at world level, that day been reflected in the behavior of random number generators? It seems that things have gone this way. "

"Dalam memeriksa hasil analisis, kami melihat sesuatu yang tidak biasa terjadi hari itu. Pada tanggal 11 September 2001, kurva grafik mengalami penyimpangan yang luar biasa dibandingkan dengan hari-hari lain yang diperiksa.
Tidak ada jawaban mudah untuk pertanyaan mengapa kurva memuncak sebelum serangan teroris, meskipun itu mengingatkan kita pada data yang diperoleh dari eksperimen prekognisi."

Kesimpulan. Apakah ini waktu yang tepat?

Sejak awal peradaban, umat manusia selalu berkembang secara non-linier, meskipun Darwinisme telah mendukung teori evolusi bertahap spesies, yang secara progresif, melalui mutasi yang menguntungkan, berjalan di jalur adaptasi terhadap kondisi lingkungan, disebut "gradualisme filetis".

Pada tahun 1972 dua sarjana, Stephen Jay Gould dan Niles Eldredge mengusulkan teori "keseimbangan bersela". Berdasarkan studi fosil, kedua ilmuwan itu memperdebatkan progresivitas linier evolusi. Mereka berpendapat bahwa spesies tetap stabil untuk waktu yang lama dan kemudian bervariasi dalam waktu yang singkat.

Dalam praktiknya, perubahan evolusioner terjadi relatif cepat, di bawah dorongan kekuatan lingkungan selektif; ledakan variasi evolusioner ini akan diselingi dengan periode stabilitas yang panjang.

Kedua ilmuwan itu mengacu pada evolusi spesies di bidang biologis, tetapi jelas bahwa, sejauh menyangkut manusia, evolusi biologis juga disertai dengan evolusi budaya.

Memang, kami sendiri bertanya pada diri sendiri di bab 14 mengapa manusia tetap diam selama hampir empat juta tahun di zaman batu, untuk kemudian berevolusi dengan kecepatan luar biasa selama 12.000 tahun terakhir, hingga zaman teknologi informasi. (lihat gambar 30).

Dalam hal ini, saya mendukung prinsip waktu yang tepat. Untuk segala sesuatu ada saat yang tepat untuk mewujudkannya, momen di mana kondisi objektif eksternal menguntungkan untuk membuatnya lebih mudah untuk diwujudkan.

Momen yang tepat memanifestasikan dirinya dengan serangkaian sinkronisitas yang menghasut untuk "merebut momen." Sinkronisitas merangsang satu orang, atau seluruh komunitas, untuk memulai petualangan perubahan.

Ada saat-saat yang tepat untuk kita masing-masing, tetapi di atas semua itu ada saat-saat yang tepat untuk agregasi, masyarakat, seluruh umat manusia.

Ini adalah saat-saat di mana menjadi mungkin untuk membuat lompatan luar biasa dalam kesadaran akan tingkat budaya dan peradaban baru yang harus diperjuangkan. Dalam kasus-kasus ini, sinkronisitas yang sangat kuat, terus-menerus, dan berulang mendorong manusia untuk membuat lompatan evolusioner.

Saya percaya bahwa kita sedang mengalami salah satu momen ini, yaitu transisi dari peradaban materi ke peradaban materi yang bersatu dengan jiwa.

Serangkaian sinkronisitas yang luar biasa membimbing kita menuju tujuan ini. Kita akan mengalami tahap evolusi pikiran di mana segalanya akan berubah. Jika umat manusia memiliki keberanian untuk melakukan lompatan ini, tidak akan ada yang sama lagi.

Kita telah menyaksikan perkembangan fisika kuantum, penemuan luar biasa dari realitas non-lokal di mana keterjeratan terjadi, perkembangan terbaru dari proyek "Kesadaran Global". Semua ini bertepatan dengan teori psikoterapis Carl Gustav Jung tentang ketidaksadaran kolektif. Banyak yang muncul dari pertemuan dan kolaborasi Jung dengan fisikawan kuantum Wolfgang Pauli.

Kita dapat mengingat lusinan dan lusinan peristiwa lain yang bertepatan, seperti studi Rupert Sheldrake tentang medan morfik atau teori fisikawan David Bohm tentang alam semesta holografik.

Semua peristiwa yang terkonsentrasi dalam lima puluh tahun terakhir ini mewakili sungai sinkronisitas yang menghasilkan pusaran yang mampu menyapu keyakinan berabad-abad yang tidak lagi sesuai dengan kenyataan.

Di antara keyakinan-keyakinan yang tersapu bersih ini, kita menemukan materialisme di tempat pertama. Akibatnya, ketidakpercayaan dan kutukan yang mendefinisikan persepsi ekstrasensor "ilusi dan penipuan" tersapu.

Memang benar bahwa, dalam kebingungan umum, seluruh pasukan yang tidak jujur telah memanfaatkannya untuk menipu orang lain dengan membual bahwa mereka memiliki kekuatan atau kemampuan yang dituduhkan. Hal ini mengakibatkan mendiskreditkan dan menyangkal keseluruhan.

Sudah waktunya untuk mengembalikan kredibilitas fenomena persepsi ekstrasensor. Subjek harus didekati dengan serius. Kita harus sadar bahwa bahasa fenomena ekstrasensor masih belum kita ketahui. Tapi sekarang kita tahu bahwa tata bahasa dan kamus ada, dan kita bisa bekerja keras untuk mempelajarinya.

Bibliography

Amir Dan Aczel, Entanglement. The greatest mystery of physics.
Barbour Julian, End of the time.
Barrow John David, From zero to infinity. The great story of Nothing.
Barrow John David, The numbers of the universe,
Barrow John David, Why is the world a mathematician?
Barrow John David, look Frank The anthropic principle.
Beitman Bernard, Messages from coincidences.
Cambray Joseph, Synchronicity. Nature and Psyche In a connected universe.
Cantalupi Tiziano, Santarcangelo Donato, Psychism and reality. .
Capra Fritjof, The Tao of physics.
John Cederquist, Coincidences They don't exist.
Cesati Cassin Marco, We're not here by chance.. The power of coincidences.
Subrahmanyan Chandrasekhar, Truth and Beauty. The reasons for aesthetics in science.
Chinnici Giorgio, Case Guard. The secret mechanisms of the quantum world
Chopra Deepak, Coincidences
Ford Kenneth, The world of Quanta. Quantum physics For everyone.
Gamow George, The Adventures of Mr. Tompkins.
Gamow George, Mr. Tompkins ' New World.
Goswami Arneb, Quantum Lighting Guide.
Greene Brian, The plot of the cosmos. Space,

Greene Brian, The hidden universes of parallel reality And the profound laws of the cosmos.
Greene Brian, The elegant universe. Superstrings, hidden dimensions and the pursuit of definitive theory.
Hawking Stephen The Universe in a nutshell.
Hawking Stephen The theory completely. Origin and destination Dell Universe.
Hawking Stephen The great history of the time.
Hawking Stephen Do Big Bang For black holes. A brief history of the universe.
Heckler, Richard, Coincidences.
Robert Hopke, Nothing happens by chance.
Joseph Frank, The power of coincidences.
Young Carl The analysis of Dreams. Archetypes of the unconscious. Synchronicity.
Young Carl Memories, DreamsReflections.
Kane Gordon, The Garden of Particles Elemental.
Shani Mani Quantum. From Einstein In Bohr, quantum theory, a new idea of reality..
Rei Hans, Christianity and Chinese religiosity.
Lederman Leon, Hill Christopher, Physical Quantum for Poets
Licata Ignazio, Watching the Sphinx.
Motterlini Matteo, Mental traps.
Peat David, Synchronicity. A union between the matter e Psyche.
Popper Karl, The Ego and your brain.
Radin Dean. Intertwined minds. Psychic phenomena explained by quantum physics.
Rhine Louisa, Psychokinesis. in mind Dominates matter..
Schumacher Ernst, A guide to the Perplexed, the B
Sheldrake Rupert, The illusions of Science.
Sheldrake Rupert, The mind Extended..
Michael Smith, Young and Shamanism.

Sparzani and Panepucci. (Curators**)** Young and Pauli. The original correspondence: The meeting between psyche and matter.
Henry Stapp Quantum theory and free will..
Michael Talbot, All is a. Feltrinelli
Teodorani Massimo, Bohm. The Physics of Infinity.
Teodorani Massimo, in mind Creative. From the physical universe to intelligent life.
Teodorani Massimo, The entanglement. The Weave In the quantum world: particles To consciousness.
Teodorani Massimo, Synchronicity. The link between physics and psyche. Da Pauli Young ' s Next In Chopra.
Teodorani Massimo, The Atom and the particles Elementary.
Seems Frank The physics of Immortality.
John White, The encounter between science and spirit..
Claudio Widmann, Synchronicity and coincidences Significant.
Claudio Widmann, Introduction to Synchronicity.

Bruno Del Medico, blogger, penulis, editor, mengkhususkan diri dalam penyebaran isu-isu yang berkaitan dengan peristiwa sosial terkini dan batas-batas baru ilmu pengetahuan. Dia adalah penulis banyak teks yang berkaitan dengan pandemi baru-baru ini dan seri khusus tentang fisika kuantum dan metafisika.

www.ingramcontent.com/pod-product-compliance
Lightning Source LLC
LaVergne TN
LVHW050647051026
849532LV00002B/559